中国名茶丛书

名门双姝
——金针梅、金骏眉

徐庆生　祖帅　著

中国农业出版社

U0301744

江泽民题："世界文化与自然遗产武夷山"

武夷山的自然风光

专家评茶（前排左起骆少君、叶兴渭、
穆祥桐、吕毅）

桐木关

祖耕荣在浙江义乌大方阁茶楼施道

茶园喷灌

金针梅茶树生长生态环境

武夷山金针梅茶园

茶园杀虫灯

茶园杀虫色板

金针梅自然萎凋

金针梅人工烘焙

金针梅条索、汤色

专家品鉴金针梅（左起骆少君、祖耕荣、洪一禄）

专家评审金针梅（左起穆祥桐、叶兴渭、祖帅、祖耕荣）

茶解金牛

太极天地

金针梅茶宴

松针雀舌

正山茶业有限公司

元勋茶厂创办人员（左起江进发、
徐善友、梁骏德、江元勋、温永
胜、江进生、龚瑞发）

金骏眉园地

采　茶

金骏眉手工复揉

金骏眉悬挂增温加氧发酵

金骏眉条索

吴仪与江元勋品鉴金骏眉

邓林为元正金骏眉题名

本书作者徐庆生（右）与江元勋（中）、原武夷山市常务副市长金益满（左）合影

《中国名茶丛书》编委会

主 编　骆少君

编 委 （按姓氏笔画为序）

王丕岐　　王星银　　王福祥

毛兴国　　叶兴渭　　叶启桐

李大椿　　吴丽娟　　邹新球

沈华明　　张勤民　　陈新光

赵玉香　　祖耕荣　　骆少君

桂浦芳　　黄柏梓　　黄瑞光

戚国伟　　章无畏　　谢燮清

穆祥桐

【本书编撰人员】

徐庆生　厦门海洋职业技术学院副研究员，党委副书记、纪委书记、工会主席。

祖　帅　金针梅研发者。

汲泉便拾松枝煮收雪示就竹炉烹

泉水终弗如雪水以来天上洁且清

［总　序］

　　中国是茶的故乡。在漫长的生产实践中，无数茶业工作者，利用各自茶区的生态环境和茶叶资源，经过独特的加工制作，形成了千姿百态的外形和各具特色品质的名茶。

　　成书于公元 8 世纪的世界第一部茶叶专著《茶经》，就记述了当时茶叶的审评方法和名茶。因此，有文字可考的名茶历史，至今已千年有余。据有的学者考证，唐代有名茶 55 个，宋代有名茶 93 个，元代有名茶 50 个，明代有名茶 58 个，清代有名茶 42 个。成书于 2000 年的《中国名茶志》，共收录名茶 1 017 个，设专条介绍名茶 309 个。

　　在改革开放以前，名茶只是少数人的饮品，大多数人只能在文学作品的记载中一识芳容。改革开放以后，名茶的生产和消费都有较大的发展，"旧时王谢堂前燕，飞入寻常百姓家"。

　　为满足读者的需要，中国农业出版社延请国家茶叶质检中心主任、中华全国供销合作总社杭州茶叶研究院院长、高级评茶师骆少君研究员，主持《中国名茶丛书》的编纂工作。经过反复磋商，遴选一批传统名茶进行介绍。邀请的各名茶之书的主编、副主编绝大多数为几十年如一日从事该茶生产、研究的专家学者。每本书既介绍了有关该茶的生长条件、加工技术、品质特征、品饮方法等技术内容，也有其发展历史、人文环境、典故传说等传统文化知识。每本书如同所介绍的名茶一样，都散发着缕缕幽香，沁人心脾。

　　倘若通过此书，使您增进了对于所介绍的中国名茶的了解，我们也就聊以自慰了。中国名茶源远流长，文化蕴涵博大精深，尽管我们殚精竭虑，也难免挂一漏万，本丛书倘有不足，敬请方家赐教指正。

穆祥桐

目　录

3

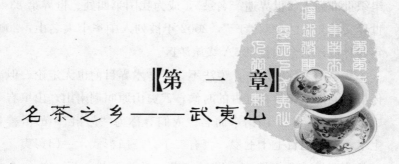

【第 一 章】
名茶之乡——武夷山

　　中国是茶的故乡。是世界上最早发现、栽培和利用茶叶的国家，迄今为止已有5 000多年的历史。在漫长的生产实践中，创制出绿茶、青茶、白茶、黄茶、黑茶、红茶六大茶类，形成了数量众多、外形千姿百态、品质各具特色的各类名茶。

　　种类繁多的各类名茶，很多都产自祖国的名山大川。如凤凰水仙、庐山云雾、蒙顶甘露、峨眉竹叶青、正山小种、韶山邵峰、都匀毛尖、江山绿牡丹、顾诸紫笋、敬亭绿雪、南糯白毫等。

　　茶以山名，山以茶显，自古名山出名茶。名山培育了名茶，名茶丰富了名山的文化内涵。

一、武夷山概况

　　武夷山市原名崇安县，"因崇地安宁而称"。她建署于北宋淳化五年（994），1989年8月经国务院批准撤县建市，是一个以名山命名的新兴旅游城市，1999年12月武夷山被联合国教科文

1

组织批准列入《世界遗产名录》，成为我国第四处、世界第 23 处世界文化与自然"双遗产"，2002 年被列入中华十大名山，2007年 5 月被评为全国首批 5A 级旅游区。

武夷山名称的由来，说法不一，学术界目前也无定论。但流传最广的还是相传在远古的时候，武夷山原叫荆南山，山里有个姓彭的老人，以开山治水而名。人们尊称为"彭祖"。彭祖善养生术，寿终七百七十七岁，育有二子，一曰彭武，一曰彭夷。子承父业，兄弟两继续率众辟岭拓荒，造福百姓。后人为纪念他们，用他们兄弟俩的名字将荆门山改为"武夷山"。至今彭姓仍是武夷山大姓。

武夷山市地处福建西北部，武夷山脉北段南麓，闽赣两省交界处。东连浦城县，南接建阳市，西靠光泽县，北倚江西省铅山县。地跨东经 117°37′22″～118°19′44″，北纬 27°27′31″～28°04′49″。全境东西宽 70 公里，南北长 72.5 公里，全市总土地面积为 2 798 平方公里，总人口 21.8 万人。辖 3 个街道、7 个乡镇、6 个国有农茶场、115 个行政村。境内拥有国家重点自然保护区、国家风景名胜区、国家旅游度假区、国家一类航空口岸、全国第四批重点文物保护单位——城村古越王城遗址。

"三三秀水清如玉，六六奇峰翠插天"。到过武夷山的人都说武夷山水美。武夷山山水结合，有山有水，集山岳、河川风景于一身，奇、秀、美、古，人文与自然和谐统一。

（一）武夷山丰厚的文化资源

武夷山有丰富的历史文化遗存。早在 4 000 多年前，就有先民在此劳作生息。偏居中国一隅的"古闽族"文化和随后的"闽越族"文化，在此绵延 2 000 多年，留下了"架壑船棺"、"虹桥

图 1-1 摩崖——"镜台"

图 1-2 摩崖——"逝
者如斯"

板"和占地 48 万平方米的汉代"闽越王城"等众多文化遗址。南宋理学家朱熹在武夷山从学、著述、授徒,生活了 50 多年,其理学思想就是在这里孕育发展,形成发扬光大的。北宋著名词人柳永、南宋著名学者胡安国、胡宏、胡寅、胡宪,抗金名将吴玠、吴璘、刘子羽等都诞生在这里。在这里仅历史上有记载的书院、寺庙、宫观就达 187 处,亭台楼阁 117 座,至今可辨认的历

图 1-3 武夷『弥勒』

代摩崖石刻有 400 多处。宋明儒者称为"闽邦邹鲁"，道家称之为"第十六升真元化洞天"，佛家称之为"明心见性的镜台"，是中国少有的"儒、道、佛"三教同山之地。

图 1-4　武夷山止止庵

（二）武夷山丰富的生物资源

武夷山森林覆盖率高达 95.3%，保存了世界同纬度最完整、最典型、面积最大的中亚热带原生性森林生态系统。常绿阔叶林带、针叶阔叶过渡林带、温带针叶林带、中山苔藓矮曲林带和中山草甸 5 个植被带在这里依次分布。已知植物种类达 3 728 种，几乎囊括了中国中亚热带所有的植被类型；已知动物 5 110 种，是全球生物多样性保护的关键地区，是尚存珍稀、濒危物种的栖息地，是代表生物演变过程以及人与自然环境相互关系的突出例证。被中外专家称为"鸟的天堂"、"蛇的王国"、"昆虫的世界"、"世界生物之窗"。1990 年原世界旅游执委会主席巴尔科夫人说"未受污染的武夷山风景区是世界环境

图1-5　武夷寒兰

保护的典范。"

二、丰富的茶树品种资源

　　武夷山国家级自然保护区得天独厚的自然生态环境，是茶树赖以生存的基础。这里茶树的品种丰富。现已查明的山茶科植物有10属35种。

　　武夷山市茶业资源普查结果表明，自然保护区内的茶树品种资源主要有两大类。一类是菜茶，也叫奇种，栽培历史悠久、品系多；另一类是水仙，为外来种，栽培时间相对较短，与区外水

仙种相比，已发生了变异，更适宜在区内生长。

（一）菜茶品种

武夷菜茶属有性繁殖群体。这些群体由于经过长期的自然授粉杂交，不断分离，呈现多样性，演变出许多优良单株。历代的专家、茶农对这些单株分别采制，按成品茶质量是否优异为标准，经反复评比，对品质优异者，依据不同特点命以"花名"。再从种种"花名"中评出"花枞"。最后按其生长环境、茶树形态、叶形、发芽迟早、成品香型、栽植年代、神话传说等予以命名。1943 年，林馥泉对武夷菜茶进行调查，结果显示仅以叶片外形为准，就可分为 9 种类型。

1. 武夷菜茶代表种

即武夷菜茶中之最多者。茶树生长极为旺盛，树高 88 厘米，树冠直径 100 厘米，主干不显著，枝条多细小，朝天丛生，枝干着生角度为 30～50度，枝叶角度为 30～40度，节间距 1.5～2 厘

图 1-6　武夷菜茶代表种

米，幼叶呈浅红色，老叶色翠绿。叶片向外向上平展，略呈"V"形，叶面光泽，质厚而脆。叶脉细而略显，多为 7～9 对，叶齿深而密，齿数28～32 对，叶尖锐，尖端向下成弓形弯曲。叶长 8 厘米，宽 3 厘米，萌芽力旺盛。花冠 3.2 厘米，花瓣 5～8 瓣，花柱头稍短于花丝，柱头 3 裂，结实性中等，一果二三籽居多。

2. 小圆叶种　树高125厘米，树冠105厘米，主干粗约1厘米，暗灰色，枝干直立稀疏，枝条多弯曲斜生，节间距短，枝干角度60度以上，枝叶着生角度80度内外。叶质厚，叶短圆形，尖端钝，像桃仁形。叶色暗绿，叶面光泽，叶肉略呈隆起，叶缘略向内翻，主脉明显，细脉6对，叶齿浅而钝疏，齿数20～26对。叶背面呈银绿色，有细小白绒毛。叶长4～5厘米，宽2.5～2.8厘米。萌芽期略迟。花蕊不多，且结实较少。

图1-7　小圆叶种

3. 瓜子叶种　树矮小，高51厘米，树冠直径93厘米，枝干皮粗，灰褐色，枝条细小而丛生，节间距短，枝干角度30～40度，枝叶角度20～30度。叶密生朝天，叶缘内翻，叶色暗绿，叶片有光泽，叶脉细而不显。叶齿锐细密，16～20对，叶尖钝向下弯曲，叶柄短。叶长2.6～3.3厘米，宽1.2厘米，叶全形正如瓜子。萌芽期早，着芽不盛，花期10月下旬至12月上旬，花冠2.5～4厘米，花丝细而短，数达206个，柱头与雄蕊平，3裂。

图 1-8　瓜子叶种

4. 长叶种　树高 160 厘米，树冠 93 厘米，主干直径 1.5～3 厘米，枝干多朝天着生，灰白色，枝条细密，干枝角度 35～60 度，叶着生角度 40 度左右，叶色暗绿；嫩叶浅绿而带紫色。叶面有光泽。叶片向外向上斜展，横断面"V"形，叶缘有波状。叶脉粗显，6～10 对。叶齿粗而锐，齿数 35～40 对。叶尖长稍钝，叶柄稍长。叶面长 12 厘米，宽 3.1 厘米。萌芽期迟，常于首春制茶结束前三四日。花期 10 月下旬至 11 月下旬，花朵大如水仙茶之花，直径 4.8 厘米以上，柱头长 1.2 厘米，高于雄蕊，

图 1-9　长叶种

在五分之三处分 3 裂。

5. 小长叶种　树高 80 厘米，树冠直径 100 厘米，枝干细而多弯曲，密集丛生，分枝多。枝干角度为 20～35 度，枝叶着生角度为 40 度上下。叶厚硬，浓绿色，叶面平滑而有光泽，幼叶呈紫红色。叶片向外向上伸展，全叶成船底龙骨形。叶脉细而不显，7～8 对。叶齿稍深，齿距宽，齿 24～28 对。叶尖端长而稍钝。叶长 4～5 厘米，宽 1.5～2.0 厘米。萌芽迟。花朵不多，开花期 10 月中旬至 12 月中旬，花冠直径 2.5～3 厘米，花瓣大者 4 片，小者 2 片，花丝细而短，柱头长 1 厘米，分裂情形与前一种同，结实性弱。

6. 水仙形种　树叶如水仙叶形，故称水仙形种。树高 154 厘米，树冠直径 110 厘米，干粗 1.2 厘米，干皮黄褐色，间带灰白点，枝条疏生，节间距 3.5～4.5 厘米。枝干着生角度 45 度，枝叶着生角度 50～70 度；叶色翠绿，质厚而脆。叶面光泽，叶片成船底龙骨形。叶缘朝天，叶脉粗而显、脉数 9 对。叶齿深而疏，35 对。叶尖端向下弯曲。叶长 8.5～10 厘米，宽 3.5～4.5 厘米。幼叶淡黄色。萌芽期早。花不多，花期 11 月上旬至 12 月上旬。花冠直径 3.5～4 厘米，花瓣大 5 片，小 2 片。花丝粗短，柱头稍长，在三分之二处分 3 裂，结实性弱。

7. 阔叶种　树高 95 厘米，树冠直径 93 厘米。主干细小，灰白色。枝条细而柔软，较密生。枝干角度 30～40 度间，枝叶角度约 60 度。叶薄而阔，色浓绿稍带银灰色，向内皱起。叶缘向上内翻。叶脉粗显，脉数 7～8 对，叶齿浅密，齿数 35～40 对，叶尖长而稍钝。叶长 9.4 厘米，宽 3.3 厘米。花期自 11 月上旬起。花冠直径 5.4 厘米，花瓣大者 4 片，小者 2 片。花丝略

长，柱头长 1.3 厘米，3 裂，结实不多。

8. 圆叶种　树高 50 厘米，树冠 52 厘米。主干不显，枝干斜生，略有弯曲，暗灰色。枝干着生角度 50～70 度，枝叶着生角度斜展成 70 度。叶片翠绿，叶面平整光滑。叶脉细而不显，脉数 8 对，叶齿略浅，齿数 20～25 对，叶缘向上内翻，叶形如汤匙，叶尖钝如核桃，叶长 5.7 厘米、宽 2.5 厘米。萌芽力弱。花多，结实性中等。

9. 苦瓜种　此茶系产佛国岩，因叶面隆起，有如苦瓜果实之外形故名。树高 150 厘米，树冠直径 160 厘米，主干土黄色，枝条柔软而有弯曲，枝干着生角度 50～60 度间，枝叶着生角度 40～50 度。叶色苍绿，叶肉隆起，面皱如苦瓜，叶缘现波状，叶脉粗而显，脉数 7～9 对，叶齿深而疏，齿数 16～30 对，叶尖端尖而锐，向下弯垂。叶长 10 厘米，宽 3.3 厘米。花稀疏，花期 10 月下旬至 11 月下旬，花冠直径 4.4～5.5 厘米，花瓣大 5～6 片，小瓣 2 片，柱头稍长于花丝，在三分之二处 3 裂。

图 1-10　苦瓜种

茶树和其山茶属植物一样，具有雌雄花同株，雌雄蕊同花的形态特征，但具有高度的自交不孕性。这使素来播种繁殖的武夷菜茶有性群体具有典型的遗传杂合性，表现多样性及区域适应性。其叶型主要有：圆形、卵圆、椭圆、长椭圆、披针型等5种。用之生产金骏眉，条索紧结；其芽叶色泽，主要有淡绿、黄绿、绿和紫绿。除此之外，还有近黄色和紫红色等表现类型。这些叶色，由于茶多酚、咖啡碱含量低，氨基酸含量高，用之制作金骏眉不苦不涩、鲜爽度高、品质优。

（二）水仙

水仙茶原产地在福建省建阳市水吉镇大湖村，现已有100多年的栽培历史。据传清道光年间，苏姓者发现于竹（祝）仙洞下，当地"祝"与"水"同音而得名。郭柏苍《闽产录异》亦提到："瓯宁县六大湖，别有叶粗长名水仙者，以味似水仙花故名……"水仙茶具有天然花香，味浓郁醇厚，汤色浓艳耐沏，特别移植武夷后，由于武夷自然环境条件优于原产地，使水仙高产优质的品种特性，得到了更好的发挥，成为武夷岩茶中最受欢迎的品种之一，故又称"武夷水仙"。在福建省主要分布在北部和南部。1985年被认定为国家品种，编号GSI3009—1985。

水仙属无性系，半乔木，树势高大，高者可达3米以上，枝干直立，质较脆，主干粗大者，直径可达20厘米以上。老枝灰白色，新梢红褐色，节间长，枝叶著生角度50度，枝干著生角度60度左右，叶最长在15厘米以上，最宽7.8厘米，一般为10厘米×5厘米左右，叶面平滑，浓绿有油光，叶脉粗而不显露，数8～12对，锯齿较疏略深，约29～46对，叶尖不定型，有尖长也有圆钝，叶背绿色，叶底多茸毛而不顺，叶柄扁宽，开花期早，花大而多，不易结实，是高产型品种。不但在武夷，在

11

闽北乌龙茶区都是当家品种，面积产量已超半数以上。

三、独特的武夷茶文化

"武夷不独以山水之奇而奇，更以茶产之奇而奇"。武夷茶，从它开始现身，就一直受到世人的追逐、茶人的推崇、文人的礼赞、国外友人的膜拜。随着人们对茶认知度的提升，武夷茶更是光芒四射。武夷山茶究竟何以拥有无穷魅力？

（一）武夷茶历史久远

武夷茶历史悠久。传言早在汉时，汉武帝得知武夷有好茶，即令建州太守搜寻并将其纳入贡品。1 100多年前，唐朝的孙樵、徐寅，以武夷茶为主题所做诗文《送茶与焦刑部书》、《尚书惠蜡面茶》，是福建最早记录茶事活动的茶文、茶诗。宋代丁渭、蔡襄、苏轼、董天工、范仲淹、朱熹等文人墨客、达官名流，纷至沓来，武夷茶名声大振，驰名天下。元大德年间，武夷茶已与建瓯北苑茶并驾齐驱，被誉为"茶中仙子"，秀于茶坛。皇家在武夷山建造"御茶园"，督制"贡茶"。据明万历年间《建宁府志》记载，明初武夷山贡茶就达548斤。清光绪年间，武夷贡茶占全国的四分之一，开始走向世界，香飘欧洲及东南亚各国，在英国成了王公贵族竞相追逐的珍品。

（二）生长环境得天独厚

武夷山属中亚热带季风湿润气候，四季分明，气候温和，年平均气温 18～18.4℃；雨量充沛，年均降水量1 600～1 700毫米。九曲溪、崇阳溪、黄柏溪三条溪流和峰峦、沟壑、丘陵相互交错，山间常年云雾弥漫，日照时间短，散射光漫布，空气相对湿度在 78%，无霜期 240 天，无冻害风害。独特的区域气候非常适宜茶树的生长。

陆羽《茶经》："上者生烂石、中者生砾壤、下者生黄土。"武夷山之土壤属白垩纪武夷层，下部为石英班岩，中部为砾岩、红砂岩、页岩、凝灰岩及火山砾岩五者相成岩。茶园成土母岩由火山砾岩与页岩组成，土层深度在 1 米以上，pH 在 4.5～5.2 之间，腐殖质含量在 1%～4%，呈酸性，十分利于茶树的生长。

独特的气候，优良的自然环境，为武夷茶生理和生化过程的物质代谢创造了稳定的生态环境。构成了武夷茶鲜叶自然品质优异的外在因素，造就了武夷茶优良的内质和独特的"岩骨花香"。

（三）制作工艺独特、品质优异

武夷山茶农在漫长的茶叶制作过程中，从蜡面、研膏、龙团凤饼、石乳、先春、武夷松萝，总结创造出了武夷岩茶、正山小种独特的制作工艺，并一直传承完善至今。我国茶界泰斗陈椽教授研究著文说："武夷岩茶，创制技术独一无二，为今世界最先进的技术，无与伦比，值得中国人民雄视世界。"2006 年，"武夷岩茶（大红袍）传统制作技术"作为唯一的茶叶类项目，跻身为中国第一批国家非物质文化遗产。当代茶圣吴觉农（在其《茶经评述》）中指出："产制了武夷岩茶的福建崇安，又产制出工夫红茶和小种红茶（烟小种）。"程启坤在《中国茶经》中记述："最早的红茶生产是从福建崇安的小种红茶开始的"，"自星村小种红茶创造以后，逐渐演变产生了工夫红茶。"可以说武夷山不仅是乌龙茶的发源地，同时也是红茶的发源地。优良的武夷山生态环境、丰富的茶树品种和独特的制茶工艺，造就了武夷茶与众不同的优异品质。《本草纲目补遗》中载："诸茶皆性寒，惟武夷

13

茶性温不伤胃。"大红袍绿叶红镶边，久藏不坏，香久益清，味久益醇，甘泽清洌，舌底生津，馥郁幽兰，驰名中外。有"品具岩骨花香之胜，兼红茶绿茶之长"。

图 1-11　大红袍母树

星村产正山小种红茶在清代盛誉欧美，《崇安县新志》载："英吉利人云：武夷茶色红如玛瑙、质之佳过印度、锡兰远甚，凡以武夷山茶待客者，客必起立致敬。"

（四）武夷茶是中国茶文化对外传播的使者

武夷茶对外交流自明代就有记载，先是远销华侨居留地，如新加坡、马来西亚、泰国、菲律宾等地。许多学者研究认为1610年运往欧洲的第一批茶叶就有武夷茶。此后，荷兰、瑞典、英国等国的东印度公司，先后将武夷茶从海上运往欧洲、美洲各国，一直延续到19世纪中叶五口通商后达鼎盛时期。许多欧美人是喝了武夷茶（Bohea）后，开始了解中国，也是因为有了武夷茶而有了红茶的称呼，从而演绎出"下午茶"的红茶文化。

　　武夷山下梅村作为晋商万里茶路的起点，更是忠实地见证了1782年中俄签订《恰克图条约》前后，武夷茶从陆地远销欧洲的一条万里茶路的茶文化交流历史。至于武夷山的茶树品种，武夷岩茶和红茶的制作工艺，外传到印度等地，乌克斯（美国）著的《茶叶全书》有具体的记述。武夷茶在清中期前曾代表着中国茶频繁对外交流的记录，也已载入中国茶史。

图1-12　晋商万里茶路起点——下梅

（五）武夷茶文化博大精深

　　《武夷山志》云："名山胜景必因人而传，名山、名水因名人而益著。"山水是这样，名茶也是这样。没有名人的推崇，再好的茶叶也只是茶而已。武夷山优越的人文环境，为武夷山茶成名起到了巨大的推动作用。据武夷山市政协肖天喜主编的《武夷茶经》载：自唐至清代，文人墨客、茶人雅士为武夷茶作诗词至少在 200 首以上；近、现代更是不计其数。其中徐夤《尚书惠蜡面茶》、范仲淹《和章珉从事斗茶歌》、苏轼《荔枝叹》、白玉蟾《水调歌头·咏茶》、朱熹《茶灶》、释超全《武夷茶歌》、乾隆《冬夜煎茶》、周亮工《闽茶曲》等诗词都是脍炙人口的咏武夷茶的千古名作。而孙樵的《送茶与焦刑部书》、赵孟頫的《御茶园记》、王复礼的《茶说》、陆廷灿的《随见录》、袁枚的《武夷茶》、梁章钜的《品茶》、连横的《茗谈》等都成了记录武夷茶的传世名篇。此外还有描述"斗茶"、"功夫茶"的品饮艺术，以及流传于民间的茶俗"喊山"、"祭茶"、茶故事、茶歌舞等，都进一步丰富了武夷的茶文化。

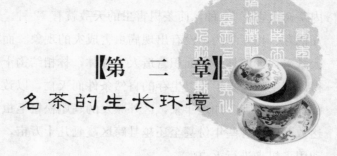

〖第 二 章〗
名 茶 的 生 长 环 境

　　茶叶优良品质的形成与环境条件密不可分。茶树在长期的进化演变过程中，逐渐形成了喜湿怕涝、喜温怕寒、喜光怕晒、喜酸怕碱的生长特点。它适应在山势较高、云雾缭绕、森林密布、漫射光充分、土壤肥沃，呈酸性的环境中生长。最适宜的生长温度是 $20\sim30℃$，最高温是 $45℃$，最低温度是 $-6\sim-16℃$，全年 $\geqslant10℃$，有效活动积温一般要在 $3\,000℃$ 以上；降水量必须在 $1\,000$ 毫米以上，相对湿度在 $80\%\sim90\%$，若小于 50%，新梢生长受抑制；土壤 pH 在 $4\sim6.5$ 之间，熟化层和半熟化层在 50 厘米以上，有机质含量大于 1.5%，有效氮在 $10\sim15\ mg/100g$，有效磷 $70mg/100g$，有效钾 $30mg/100g$ 的环境中良好生长。

一、自然环境

　　金针梅、金骏眉的原料主要来源于武夷山国家自然保护区及周边区域。该区域植被发育状况最为良好，保护完整，森林覆盖率高达 96.3%，属典型的亚热带季风湿润气候。由于区域内保

有完好的森林生态系统，这里形成了协调的生物链。据调查，区内茶树虫害有 50 种，而茶树害虫的天敌就有 72 种。各种生物相互依存、相互制约，没有出现病虫害成灾的现象。而在区外由于大量采伐天然林，大面积营造人工纯林，林相结构十分单一，使得许多生物失去了赖以生存的自然条件而灭亡，以致产生大面积的森林病虫害。如近年来，区外频发的马尾松松毛虫灾害，面积达数万亩，有些年份甚至还越县跨区蔓延几十万亩，以致不得不动用飞机来进行灭虫。

图 2-1　黄岗山草甸图

据福建省有关科研人员在区内茶园进行的病虫害试验研究表明：许多害虫在这里都有天敌，无需使用农药，从而保证了茶叶原料的优良品质不受化学物质的污染。这种特有的自然环境优势是其他很多茶区无法比拟的。

（一）海拔高度

该区域海拔平均在 1 000 米左右。最高峰黄岗山 2 158 米，是

东南大陆架的最高峰，素有"华东屋脊"之称。周边海拔高度在
1500米左右的山峰有110余座。山势高峻，落差极为悬殊。最
高处与最低处相差逾1700米。河流侵蚀，深度可达500米以上。
云雾千姿百态，变幻莫测。时而波涛浩瀚为海，时而朦胧缥缈如

图 2-2　武夷山自然保护区桃源峡谷，每平方米
　　　　负氧离子含量居世界之首

纱。"千山烟霭中，万象鸿蒙里"是再形象不过的描述。

（二）气候条件

该区域内年平均气温在 11～18℃，全年≥10℃的有效活动积温在 3 500～4 000℃；年降水量一般在 1 486～2 150 毫米，主要集中在茶叶生长的 3—10 月间，相对湿度在 78%～84%，雾日长达 120 天，无霜期在 235～272 天。雨水多，湿度大，雾日长，昼夜温差大，无霜期长，没有冻害，十分适宜茶叶的生长。

（三）土壤状态

区内茶叶分布地带的土壤主要是红壤和黄壤。pH 在 4.5～5 之间，呈酸性反应；土层厚度一般在 30～90 厘米，由高海拔向低海拔逐渐呈递增状态；土壤肥沃，土质疏松，表土层有机质含量在 5%～9%，腐殖质含量占全土的 1%～4%。养分齐全，自然肥力高。

二、环境与茶叶品质的关系

"高山云雾出好茶"，这是自古以来，群众耳熟能详的茶谚。它说明好茶与良好生态环境的关系是密不可分的。我国大多数名茶都产在生态环境优越的名山胜水之间。如黄山毛峰产在黄山风景区境内，海拔 700～800 米的桃花峰、紫云峰、云谷峰一带。

海拔不同，各类气候因子有很大差别。一般来说，海拔越高，气压与气温越低。降水量和空气湿度在一定范围内随海拔的升高而增加，超过一定高度又呈下降趋势。山高云雾弥漫，接受日光辐射和光线的质量与平地不同，常常是漫射光及短波紫外光

图 2-3　名茶生态环境

较丰富，昼夜温差较大。

　　气温和地温随海拔高度的变化而变化。在一定海拔高度范围内，海拔每升高 100 米，气温降低 0.5℃。空气相对湿度则随海拔高度的上升而增加；土壤含水量由于海拔高，空气湿度大，日照时间短，蒸发量小，随海拔高度的升高而呈现增加的趋势；光照强度和光合作用强度是低海拔地区高于高海拔地区。因此，春季低山茶园开采早，高山茶园开采时间迟。就武夷山而言，外山茶早，内山茶迟。

　　茶叶的物质代谢受气温的影响。温度高，有利于茶叶体内的碳代谢，有利于糖类化合物的合成、运送、转化，使糖类转化为多酚类化合物的速度加快。当温度小于 20℃ 时则不利于多酚类化合物的合成。气温低时，氨基酸、蛋白质及一些含氮化合物增加。多酚类化合物含量高，茶叶浓强度大；含氮化合物多，茶叶

味香鲜爽，耐泡程度高。春季气温相对较低，因此春茶口感要比夏茶好。

不同海拔高度茶鲜叶中茶多酚、儿茶素、氨基酸的含量不一样。据程启坤1985年对江西庐山、浙江华顶山、安徽黄山茶叶鲜叶样品分析结果表明：茶多酚和儿茶素含量是随着海拔高度的升高而减少的，而氨基酸则是随着海拔高度的升高而增加的。另外，一些鲜爽、清香型的芳香物质在海拔较高、气温较低的条件下形成积累量大（见表2-1）。

表 2-1　不同海拔高度对鲜叶化学成分的影响

地　区	海拔（米）	茶多酚（%）	儿茶素（%）	茶氨酸（%）
江西庐山	300	32.73	19.07	0.729
	740	31.03	18.81	1.696
	1 170	25.97	15.4	—
浙江华顶山	600	27.12	16.11	
	950	25.18	14.29	
	1 031	23.56	10.4	
安徽黄山	450	—	—	0.982
	640	—	—	1.632

中国农业科学院茶叶研究所研究认为："在一定的海拔高度范围内，茶叶氨基酸的含量是随海拔的升高而增加，产量是随海拔高度的升高而减少的。海拔800米左右的山区，茶叶有较好的品质和产量。"

1995年谢庆梓对福建山地气候条件下的茶叶产量品质影响的研究认为："闽西南海拔＜1 200米，闽北、闽西北、闽东北海拔＜950米是适宜种茶的海拔上限。海拔过高，不仅产量受到影响，而且鲜叶中氨基酸含量和香气成分也会下降。"与1990 年曾晓雄研究结果"海拔 500～700 米高度茶叶香气中的醇类、酯类与酮类化合物含量比例较高"基本一致。现附表 2-2 以说明。

表 2-2　不同海拔茶叶鲜叶香气成分分类合化比例（％）

化合物	300 米	500 米	700 米	900 米	1 000 米
萜烯醇	30.684	27.764	26.150	29.256	26.533
醇（非萜）	16.254	18.017	17.998	20.936	10.881
酮　类	8.460	10.525	13.661	5.836	9.342
酯　类	12.039	14.872	12.603	7.456	11.192
醛　类	5.517	5.979	5.876	8.921	4.392
碳氢化合物	19.285	18.270	15.596	16.973	26.508

在光照强度对茶叶物质代谢的影响研究方面，程启坤研究认为："适当降低光照强度，茶叶中氮化合物明显提高，碳水化合物（茶多酚、还原糖等）相对减少。故适当遮光有利于碳氮化的降低，对提高茶叶品质有利。"

就红茶制作而言，用漫射光条件下生产的茶树鲜叶为原料，因含氮化合物高，碳水化合物少以及芳香性物质多等因素，因而制出的茶叶苦涩味轻，口感好，品质优。

金针梅、金骏眉原料主要分布生长在区内海拔 750～1 200米的地带，雨量充沛，湿度大，加之森林密布，土壤疏松肥沃，日出迟，落日早，昼夜温差大，云雾缭绕，水汽交融，在漫射光的滋润下茶叶生长旺盛，芽叶壮，持嫩性好，芳香性物质含量高，氮代谢大于碳代谢，滋味香甜鲜爽，为制造珍品金针梅、金骏眉创造了优良的物质基础。

三、名茶茶园分布

（一）金针梅茶园分布

金针梅现有一个品种园，六个茶园，总面积为1 770亩。主要分布在东经117°～118°，北纬27°～28°的白塔山、桐木关、天子地、赤石、古黄坑、仙霞关、岭阳关和金鸡山一带。为纪念各个时期的历史人物，金针梅茶人将六个园地按经纬度由低到高分别以祖逖、陆羽、祖冲之、祖启宋、陆廷灿、吴觉农等来命名，将品种园命名为"祖缶品种园"。

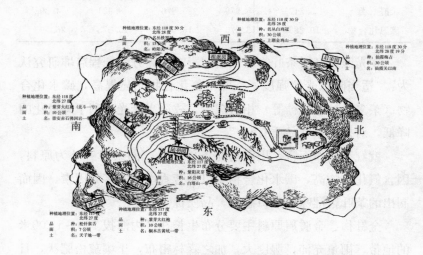

图2-4　金针梅茶基地一览图

陆羽园地理位置：位于东经117°、北纬27°，白塔山一带；面积：240亩；主要品种：紫阳灵芽。

廷灿园地理位置：位于东经118°、北纬28°的岭阳关一带；

面积：225 亩；主要品种：名丛铁罗汉。

觉农园地理位置：位于东经 117°、北纬 27°的桐木和古黄坑一带；面积：150 亩；主要品种：紫芽大红袍。

祖逖园地理位置：位于东经 118°，北纬 28°的仙阳金鸡山一带；面积：450 亩；主要品种：名丛白鸡冠。

冲之园地理位置：位于东经 117°、北纬 27°天子地一带；面积：105 亩；主要品种：松针雀舌。

启宋园地理位置：位于东经 118°、北纬 28°的仙霞关一带；面积：450 亩；主要品种：仙霞梅占。

祖缶品种园地理位置：位于东经 118°、北纬 27°的崇安赤石一带，面积 150 亩，为 1942—1945 年吴觉农创办的第一个全国性茶叶研究所旧址范围内。主要品种有大红袍、铁罗汉、不见天、肉桂、水仙、奇兰、紫阳灵芽、仙霞梅占、松针雀舌、水金龟、储叶种、金狮子、贵妃乐、醉毛猴、碎铜茶、竹叶青、马蹄金、半天腰、千里香、石乳、白鸡冠、白牡丹、铁观音、老君眉、不知春、金观音、矮脚乌龙、105、政和大白茶、佛手、福安大白茶、毛蟹、黄金桂、凤凰水仙、劲峰、翠峰、矜眉 502、福云 6 号、福云 7 号、黄观音、黄奇、宜红早、高芽齐、百瑞香、状元红、投名状、白奇兰、夜来香等近 50 个品种。

（二）金骏眉茶园分布

元正金骏眉原料主要分布生长在武夷山国家级自然保护区内，海拔平均 1 000 米左右的高山地带，雨量充沛，湿度大，加之森林密布，土壤疏松肥沃，日出迟，落日早，昼夜温差大，云雾缭绕，水汽交融，在漫射光的滋润下茶叶生长旺盛，芽叶壮，叶肉厚，持嫩性好，芳香性物质含量高，氮代谢大于碳代谢，因

而滋味香甜鲜爽，耐泡度高，品质优。是其他红茶产区无可比拟的。

金骏眉茶园散落在保护区内的沟底谷间，最大连片面积不足百亩。良好的森林生态系统，造就了昆虫种类的多样性，为茶园构筑了"天然的保护屏"。据福建省有关科研人员在区内茶园进行的病虫害试验研究表明：区内茶树害虫有 2 纲 10 目 38 科 50 种，而天敌就有 2 纲 10 目 39 科 72 种，呈现了高度的制衡性。茶树许多害虫，在这里都有天敌。因此，无需使用农药，从而保证了金骏眉原料的优良品质不受化学物质的污染。这种特有的生态环境优势也是其他很多茶区无法比拟的。

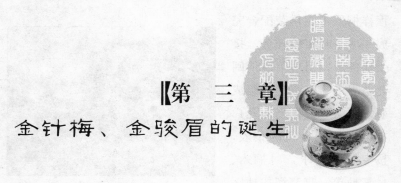

《第 三 章》
金针梅、金骏眉的诞生

伴随人们收入水平的增加，生活质量的改善、生活品位的提高，以及对茶认识度的全面快速提升，崇尚茶文化、追求茶理念，喜爱饮茶、品饮好茶已成为社会的时尚。

武夷山茶叶科技人员，顺应时代发展潮流，立足本地茶树品种优势，坚持以市场为导向，秉承传统，大胆创新，经过不懈努力，在武夷山这块神秘的土地上，创制出了风靡茶界，让世人叹为观止的红茶新品——金骏眉和金针梅。她们填补了我国顶级红茶的空白，为中国红茶的重新崛起作出了贡献。

一、金针梅的研发

创新名茶金针梅的出现，历经了近 20 个春秋，走过了一段不平常的历程。

1993 年，农业部专家组专家、中国农业历史学会常务理事兼副秘书长穆祥桐一行在时任武夷山市星村镇人民政府副镇长祖耕荣先生的陪同下，考察了星村桐木一带的茶区。考察结束后，

穆祥桐要求祖耕荣配合完
成一项茶叶实验任务。接
受任务后，祖耕荣邀请闽
北茶界专家叶兴渭等组成
研发团队，选择当地几户
有生产加工经验的茶农，
按专家的要求，对桐木、
吴三地等一带高海拔地区
呈野生、半野生状态，散

图 3-1　金针梅茶园

生的优良名丛，如紫芽大红袍、仙霞梅占、白鸡冠、松针雀舌、
白芽奇兰、紫阳灵芽等，施用农业部专家免费提供的茶叶专用
肥，采用生物防治技术，精耕细作，据节气天气手工采摘，应用
传统正山小种制作工艺研制顶级红茶。事后才知道，他们是为申
奥订制礼品茶。

二、申奥第一茶

为郑重纪念中国申奥的成功，纪念如
茶一样苦尽甘来的申奥历程，北京奥运
经济研究会联手福建省茶叶学会，成立
北奥茶叶（福建）有限公司，遴选全国
名优茶生产基地鼎力打造极品"申奥"
系列茶。

北京奥运经济研究会常务副会长、
北京北奥集团董事长杜巍在一次记者招

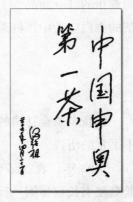

图 3-2　伍绍祖题字

待会上说：中国申奥茶，纪念着中国申奥历程，展现着中华茶文化的丰富与神奇。她是中华文化的代表，是健康和平的使者。从这里她将走向世界，远播中国人民深厚的情谊……

金针梅是红茶中的极品，一位喝过金针梅的首长曾感叹地说："金针梅为举办 2008 年北京奥运会做出特殊贡献。" 2006 年应祖耕荣先生的朋友之托，4 月 21 日原国家体委主任、中国申奥委主任伍绍祖先生为金针梅题写了"中国申奥第一茶"。奥运期间，金针梅作为"中国申奥第一茶"在 2008 年北京国际新闻中心展示了 2 个月。

金针梅一经问世，就以其优秀的研发团队、考究的制作工艺、独特的包装设计和幽婉的主题曲，以及"中国申奥第一茶"的桂冠，向世人展示了其深厚的文化底蕴，受到文人雅士、业界人士及消费者的推崇。

图 3-3　骆少君观赏金针梅

香港《东方日报》主编秦岛先生称之"绿色的酒，有公主的魅力、仙子的温柔，诱人品了还要想再品"。并以金针梅为主题，创作了金针梅茶歌和金针梅茶诗。

国家茶叶质量检测中心主任、高级评茶师骆少君说："武夷山应有世界顶级红茶，金针梅首当其冲。"

为金针梅红茶研制默默奉献 16 年的高级工程师、知名茶叶

专家叶兴渭称金针梅为"茶中公主"。

2007年12月23日在上海由上海嘉泰拍卖有限公司举办的首届中国茶文化拍卖会上，004号100克"神思金针梅"估价8 000～10 000人民币，最后以10 000元港币成交，创出了中国红茶拍卖的最高纪录。

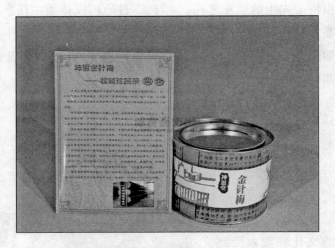

图 3-4　004 号拍品

三、金针梅的命名及品质

（一）金针梅名称的含义

所谓"金"：既言其色，又喻其价。

所谓"针"：既表其形，又示其精。

所谓"梅"：既显其香，又彰其韵。

艺术大师丰子恺先生有诗云："常喜小中能见大，还须弦外

有余音。"好茶必须要有韵味。何为"韵",明人陆时雍《诗锐总论》云:"有韵则生,无韵则死;有韵则雅,无韵则俗;有韵则响,无韵则沉;有韵则远,无韵则局改。物色在于点染,意态在于转折,情事在于犹夷,风致在于绰约,语气在于吞吐,体势在于游行,此则韵之所由生也。"

金针梅韵致清远,滋味甘香,足称仙品。

(二)金针梅的品质鉴定

2007 年 10 月 18 日,国家茶叶品质检测中心主任、高级评茶师骆少君女士,会同农业部专家委员会专家穆祥桐,高级工程师、茶叶专家叶兴渭,中国茶博士吕毅首次评审该茶。冲泡之水用的就是从梅花瓣上收集到的雪水,其汤色金黄鲜艳、金圈宽厚明显、气味清和、口感醇厚甘甜,叶底呈古铜色,形如松针,故取名"金针梅"。

图 3-5　专家评审金针梅

(左起为穆祥桐、叶兴渭、祖帅、祖耕荣)

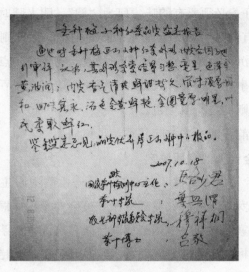

图 3-6　金针梅评审报告

1. 金针梅的外形特征

（1）条索。条索是指茶的外形规格。一般来说，条索紧、身骨重，圆而挺直，说明原料嫩度好、做工精、品质优。如果外形松、扁碎，有烟焦味，说明原料老、做工差、品质劣。金针梅原料来自高山，嫩度好，做工考究，因而条索紧结纤

图 3-7　金针梅条索

细，圆而挺直，有锋苗，身骨重，匀整。

（2）色泽。茶叶色泽与原料嫩度、加工技术有密切关系。各

种茶均有一定的色泽要求。好茶色泽一致，光泽明亮、油润鲜活。如色泽深浅不一，暗而无光，说明原料老嫩不一，做工差、品质劣。金针梅色泽均匀、油润，黑黄相间、乌中秀黄、白茸略显，带有光泽，不含杂物，净度好。

2. 金针梅的内在品质特征

（1）香气。香气是茶叶本身所具有芳香性物质内质特征的外在体现。香气的纯异、高低、长短是判断茶叶品质优劣的一个重要方面。金针梅红茶香气特别，干茶香气清香；热汤香气清爽纯正；温汤（45℃左右）薯香细腻；冷汤清和幽雅，清高持久。

（2）汤色。金针梅汤色金黄华贵，清净透亮，金圈宽厚明显，久置有乳凝并呈亮黄浆色。

乳凝，俗称"冷后浑"。红茶茶汤冷后浑的物质基础是氨基酸、茶黄素、茶红素与咖啡碱的络合物。红茶冷后浑是品质好的表象，可作为判定红茶品质优劣的一种方法。

（3）滋味。浓稠度、强度和鲜爽度是决定红茶滋味的三大因素。浓稠度的大小主要是多酚类物质及其氧化产物、氨基酸、咖啡碱、可溶性糖和其他可溶物等水溶性物质的多少决定的。金针梅由于生长在独特的自然环境中，加之品种选择皆为多酚类物质，属儿茶素含量相对高的品种，因而内涵丰富，干物质含量高，品质优异，茶汤浓稠度高，清和醇厚，带有甜味，回甘明显持久，无论热品冷饮皆绵顺滑口。

（4）冲次。所谓冲次，即茶叶所能冲泡的次数。就一般茶叶而言，茶叶要耐冲泡，以茶味不会因冲泡次数少，水色就马上变淡而消失者为佳。一泡汤，二泡茶，三泡四泡是精华。金针梅在

好水、沸水、快出水的情况下，连续冲泡 12～13 次水色仍较好。同时，还有余香和余味，8 泡之内都是精华。

（5）叶底。叶底即冲泡后的茶渣。好的茶叶叶底质地柔软、色泽明亮，叶形大小均匀一致。金针梅叶底明亮，色如古铜，芽叶肥壮，大小均匀，形如松针，手捏柔软有弹性。

四、金骏眉的研发

江元勋是正山小种的第二十四代传人。他 9 岁开始上山采茶，并采得一手好茶；13 岁跟祖父学习精制红茶；24 岁与傅华全、张美满共同创办桐木村首家精制茶厂；31 岁出任桐木村第三任茶叶精制厂厂长；34 岁凭 8 000 元借款，与徐善友一道，用自己的名字创办元勋茶厂。

2000 年，江元勋在时任乡镇党委副书记祖耕荣的帮助下企业摆脱了困境，走上了快速发展之路。2002 年在时任武夷山市委书记张建光先生的关怀支持下，建筑面积 4 000 平方米的标准厂房竣工投入使用，元勋茶厂更名为"福建武夷山国家级自然保护区正山茶业有限公司"，"元正牌"正山小种红茶通过国家"原产地标记注册"。同年，经福建省外经贸厅批准，"正山茶业"成为武夷山市民营企业唯一拥有红茶进出口经营权的生产企业。

如何为世界生产制作最好红茶，是江元勋始终思索，从没放弃的愿望。2001 年元勋企业摆脱困境后，"我要为世界生产最好红茶"被提上议事日程，2002 年 1 月 17 日，江元勋主持召开由叶兴渭、祖耕荣、江素生、江素忠、龚雅玲等人参加的《关于如何生产制作最好红茶》的讨论会，会后决定成立"顶级红茶"研发组，由江元勋任组长、祖耕荣负责制定方案、叶兴渭负责技术指导。

2005年7月，江元勋在北京友人张孟江先生的建议下，用芽尖像生产绿茶一样试做些高端红茶。

江元勋即电话与时任武夷山市茶场场长祖耕荣先生联系，咨询武夷山市茶场原用武夷名丛芽尖生产莲心绿茶、青茶莲心的生产工艺及技术要点。之后，江元勋便让公司制茶人员温永胜，以每斤茶芽40元的价格，让采茶妇女进行采摘。傍晚时刻，采茶妇女共采摘茶芽头1.5斤。江元勋与温永胜、梁骏德等人随后即按红茶制作工艺进行萎凋、搓捻、发酵、炭焙，得干茶3两。

该茶条形呈海马状，色泽黑黄相间，香气独特，发酵过程即有蜜糖香。第二天，江元勋即让北京友人张先生等共同开泡品尝。当沸水冲入，顿觉香气满室，汤色金黄透亮，滋味甘甜爽口、润喉、回味悠久，集蜜香、薯香、花香于一体，有高山的韵味，这就是后来被命名的"金骏眉"。

这之后，江元勋、祖耕荣、吕毅、江素忠、龚雅玲等5人，又在张天福、骆少君、叶兴渭、叶启桐等茶界前辈的指导下，从品种选择、采摘时间、采摘标准、制作工艺，包括萎凋、搓捻、发酵、炭焙的温度、湿度、时间的掌握上进行反复试验、分析、比较。2006年基本定型并有少量上市，主要供给北京、福州等地友人品鉴；2007年，又根据品鉴反馈意见，进一步完善，开始批量生产上市，主要以订购为主。2008年正式投放市场并迅速走红，成为正山茶业的拳头产品。

五、金骏眉的命名及品质鉴定

（一）金骏眉的命名

"形以定名，名以定事，事以验名"。为了给这款刚问世的茶叶新品起个好名，江元勋等人反复思量，最后根据该茶首次鉴赏开汤品尝时表现出的特征特性、以及其生长环境、采摘标准、制作工艺和对该茶的希冀文化，取名为"金骏眉"。

所谓"金"，就是言其色、示其质、喻其价。用"金"作为"金骏眉"名称的首字，有三层含义：一是金骏眉干茶外形条索纤细紧结，身骨重实，有"金"的重量；二是干茶黄黑相间，色泽油润发亮，汤色金黄，"金圈"宽厚，茶黄素含量高，有"金"的颜色；三是明前为金，芽头为金，金骏眉以芽头为原料，只采头春，一年一次。制作 500 克需用 7.5 万个左右的芽头，原料稀有难得，有"金"的价值。

所谓"骏"，就是表其形、彰其源、寄其望。用"骏"作为"金骏眉"名称的第二个字，其含义也有三：一是金骏眉干茶外形略弯曲，似海马状（中药），叶底秀挺鲜活，有万马奔腾之势。二是高山出好茶，金骏眉生长在武夷山国家级自然保护区内，海拔平均在 1 000 米以上，落差极为悬殊，终日云雾弥漫，生态环境独一无二，非常适宜茶树生长，茶山有高"骏"之势；三是希望金骏眉能在中国红茶市场中，一马当先，脱颖而出，有骏发之势。

所谓"眉"，就是显其精、现其技、耐冲泡。"眉长为寿，寿者长也"。用"眉"作为金骏眉名称的尾字，同样有三层含义：一是金骏眉是对传统正山小种制作工艺改革和创新的结果。从原料的采摘标准看，正山小种是 2～3 叶开面，金骏眉为单芽。芽吸天地之灵气，乃茶之精华。自古以来都是用之制作卓越绿茶，并依形称之为贡眉、珍眉等。二是茶芽似眉，乃细长之物，非常之柔嫩。用之制作金骏眉红茶，必须轻采轻放、轻揉慢揉，用心、精心铸造。三是金骏眉耐冲泡，香气独特，留香持久。用桐木双泉寺泉水可连续冲泡 12 次以上，色泽不退，汤色金黄，味道不减，口感依然甘甜饱满，实乃茶中可遇不可求的珍品。

（二）金骏眉的品质鉴定

1. 金骏眉外形特征 条索、色泽、整碎、净度是判断茶叶质量好坏的一个外在标准。鉴别方法是用眼看。

（1）条索。正品金骏眉由于原料来自武夷山国家级自然保护区，山高林茂，生态环境好，昼夜温差大，因而所产茶叶芽头肥壮，内质丰富，持嫩度好，干茶条索紧结纤细，圆而挺直，稍弯曲；绒毛密布，有锋苗；身骨重，匀整。

图 3-8 金骏眉条索

（2）色泽。正品金骏眉色泽均匀、油润、金黄黑相间、乌中透秀黄、带有光泽，不含杂物，净度好。

3. 整碎。整碎度是衡量茶叶外形品质的一个重要方面。正

品金骏眉芽叶持嫩性好，工艺考究，制作精细，匀整性好，没有断碎。

4. 净度。主要看干茶是否混有茶片、茶梗、茶末和在制作过程中混入泥砂、毛发、竹木屑等异杂物的多少。净度好的茶，不含异杂物，没有异味、烟焦味和熟闷味。正品金骏眉净度高，没有异杂物，香气纯正。

2. 金骏眉内在品质特征　香气、汤色、滋味、冲次、叶底是衡量茶叶质量的内在标准。鉴别方法是，嗅其香、品其味、察其底。

（1）香气。正品金骏眉红茶香气特别，干茶香气清香；热汤香气清爽纯正；温汤（45℃左右）薯香细腻，有"山韵"；冷汤清和幽雅，香气清高持久。

（2）汤色。汤色是茶叶内各种色素溶解于沸水中所表现出来的颜色。其呈色成分主要有叶绿素 A、叶绿素 B、茶黄素、茶红素、茶褐素、花青素等。正品金骏眉品质好，茶黄素较一般红茶高，故汤色金黄华贵，清澈透亮，有光泽，金圈宽厚明显，久置有乳凝，浆呈亮黄色。

（3）滋味。茶叶的滋味成分主要有茶多酚、氨基酸、嘌呤碱、花青素、无机盐及糖等。茶多酚呈涩味，氨基酸呈鲜味，嘌呤碱、咖啡碱、花青素等呈苦味，无机盐呈咸味，糖呈甜味。浓稠度、强度和鲜爽度是决定红茶滋味的三大因素。金骏眉由于生长在独特的自然环境中，所有原料皆为多酚类物质和儿茶素含量相对高的品种。因而，内含丰富，干物质含量高，茶汤浓稠度高，清和醇厚，带有甜味，回甘明显持久，品质优，无论热品冷饮皆绵顺滑口。

（4）冲次。正品金骏眉在好水、沸水、快出水的情况下，连续冲泡 12～13 次，水色仍较好，仍有余香和余味，10 泡之内都是精华。

（5）叶底。正品金骏眉叶底明亮，色如古铜，芽叶肥壮，粗细长短均匀，形如松针，手捏柔软有弹性。

2008 年 7 月 16 日，国家茶叶检验检测中心名誉主任、研究员、高级评茶师、高级考核员骆少君女士，组织高级工程师、高级评茶师、高级考核员叶兴渭先生，国家茶叶检验检测中心茶叶审评室主任、高级工程师、高级评茶师、高级考核员赵玉香女士，浙江大学茶学博士、高级评茶师吕毅女士，国家茶叶标准委员会委员、高级评茶师祖耕荣先生，武夷山茶叶检测所主任、高级评茶师修明女士等 6 位专家，对"正山茶业"研发的新产品"金骏眉"进行鉴定（鉴定结果见附件）。

附件：

"金骏眉"感官评审意见

名称	评审意见					
	形状	色泽	香气	滋味	汤色	叶底
金骏眉	绒毛密布、条索紧细、隽茂、重实	金、黄、黑相间，色润	复合型花果香、桂圆干香、高山韵香明显、且有红薯香	滋味醇厚、甘甜爽滑、高山韵味持久、桂圆味浓厚	汤色金黄、浓郁、清澈有金圈	呈金针状、匀整、隽拔、叶色呈古铜色

鉴定认为："金骏眉"新产品创意新颖、原料生态、制工精湛、品质优良。研发是成功的，有发展前途的。

新产品"元正牌金骏眉"品质鉴定人：

①国家茶叶检验检测中心名誉主任、研究员、高级评茶师、

高级考核员：

②高级工程师、高级评茶师、高级考核员：

③国家茶叶质量检验检测中心茶叶审评室主任、高级工程师、高级评茶师、

高级考核员：

④浙江大学茶学博士、高级评茶师：

⑤国家茶叶标准委员会委员、高级评茶师：

⑥武夷山茶检所主任、高级评茶师：

二〇〇八年七月十六日

《第四章》
金针梅优良的
茶树品种

"种好半年粮"，品种是确定品质的重要因素。茶树品种，是茶叶生产最基本，最重要的生产资料。选用良种是提高茶叶品质和质量、增加产量和经济效益的重要措施。

一、优良茶树品种的特征特性

长期的生产实践和系统的科学研究表明：凡优良茶树品种均有一定的特征特性。

（一）优良茶树品种的特征

1. 树型　植株生长健壮，在密植或常规状态下，树型呈直立或半开展状态。

2. 分枝　数量适中，枝条粗壮，分枝呈 35°～45°角。

3. 新梢　梢要长，着叶数多，叶片分布均匀，不重叠。

4. 叶片　大小适中，叶片着生角度小，叶厚，光能利用率高，叶面隆起，光泽度好。

5. 芽　要肥壮，茸毛多，芽叶密度大，生长整齐。

6. **花果**　越少越好，以保证有足够的养分供应嫩叶生长。

(二) 优良茶树品种的特性

1. **新梢生长期长**　即新梢发芽早，休眠迟，轮次间休眠时间短。

2. **育芽能力强**　芽头生长速度快，再生能力强，发芽轮次多。

3. **抗逆性强**　可以在各种不良环境下正常生长。

4. **生殖能力弱**　以免过多地开花结实影响芽叶产量。

二、金针梅茶树良种

武夷山茶树品种丰富，在数百年的选育过程中，积累了一批盛极时代的优良品种，如"四大名丛"、肉桂、水仙等，金针梅就是从这些优良品种中，经过反复的比较试验，选择确定了紫芽大红袍、名丛白鸡冠、紫阳灵芽、松针雀舌、仙霞梅占、名丛铁罗汉等良种为自己的当家品种。

(一) 紫芽大红袍

无性系。灌木型，小叶类，晚生种。

大红袍系武夷岩茶中的"茶中之王"。相传在明末清初时就有采制，距今已有 300 多年的历史。

关于大红袍母本所在地点，有不同的说法。蒋叔南在其《游记》中说："如大红袍，其最上品也，每年所收天心寺不满一斤。天游观亦十数两尔。"说的是：天心、天游二岩都有大红袍。再一处就是现在九龙窠刻石命名的大红袍，这是寺僧怕游人乱采真本，而在较难攀登的半崖上，求当时的县长吴石仙于 1927 年所

图 4-1　紫芽大红袍

刻。林馥泉于 20 世纪 40 年代调查称："得寺僧信任，看到最后一棵大红袍真本在九龙窠的岩脚下，树根终年有水依岩壁涓涓而下，树干满生苔藓，树极衰老。"第三处据说在北斗峰。据 20 世纪 60 年代崇安茶场调查，在北斗峰采集得到大红袍，命名为"北斗一号"。大红袍的生长不止一处，现在以长在九龙窠悬崖上的 6 株为正宗。该处大红袍原只有 4 株，1980 年建九龙窠名丛园时，在大红袍原处联接石砌填土梯层，又补植母树大红袍 2 株。

43

　　关于大红袍的命名也有不同的说法，一是说大红袍生长于悬崖之上，每年采摘时节，需训练猴子攀崖采摘，猴子身着红背心，因而得名。另一说为相传唐代初年，有一个秀才进京赶考，路过武夷山，夜里借宿在天心庙。半夜时分，秀才突然腹痛难忍，庙里的住持急忙泡出一碗茶叫举子喝下，举子顿觉一身轻松。后来，秀才金榜题名，考取了状元。衣锦还乡，将红袍披在

图 4-2　2006 年 10 月大红袍被全国绿化委员会列入国家一
　　　　级保护古树名木（2007 年 10 月 5 日，武夷山市人
　　　　民政府将"停采留养"前最后采摘的母树大红袍赠
　　　　送给国家博物馆收藏，使大红袍成为国家博物馆收
　　　　藏的唯一现代类茶叶）

44

了那棵解除他病痛的茶树上。

　　现在，比较可信的说法是，大红袍的嫩芽呈紫红色，因而得名。陆羽在《茶经》中说："阳崖阴林，紫者上，绿者次"；为体现其内在品质，民间也称之间为紫芽大红袍。

　　特异的品质得之于特殊的生长环境。大红袍母树生长于天心九龙窠的悬崖绝壁上，两旁岩壁耸立，日照不长，温度适宜，终年有涓涓细泉滋润茶树，由枯叶、苔藓等植物腐烂形成的有机物，可以肥沃土壤，为茶树补充营养，使其天赋不凡，品质超群。

　　20 世纪 80 年代，大红袍经人工繁育成功，经专家鉴定，无性繁殖的大红袍保持了原有大红袍的品质，通过 20 多年的试制提高，其制作工艺日益精湛，无性繁衍的速度加快，现已批量上市。

　　大红袍植株适中，树姿半开张，分枝较密、叶片呈水平或稍上斜状着生。叶椭圆形，叶片大小适中；叶色深绿，有光泽；叶脉沉，叶面微隆起，叶缘平或微波；叶身稍内折；叶质较厚脆，叶齿较锐且深密，叶尖纯尖，芽叶紫红色，茸毛尚多，节间短。芽叶生育力较强，发芽较密，持嫩性较强。抗害性与抗旱性强。扦插繁殖力强，成活率较高。春芽一芽二叶干样约含氨基酸 3.33％，茶多酚 24.8％。儿茶素总量 18.20％，咖啡碱 4.2％。制乌龙茶品种优异，条索紧实、色泽绿褐润，香气高雅、清幽馥郁芬芳，微似桂花香，滋味醇厚回甘，香味独特，"岩韵"显，是武夷山茶之珍品。制红茶滋味独特，耐冲泡，口感好。

图 4-3　九龙窠茶园

（二）名丛白鸡冠

无性系。灌木型，小叶类，晚生种。

图 4-4　白鸡冠

白鸡冠系武夷山传统的"四大名丛"之一，原产于慧苑岩之外鬼洞中。相传白鸡冠早于大红袍，明代已有。当时有一知府携眷往武夷，下榻武夷宫，其子忽染恶疾，腹胀如牛，医药无效，官忧之。其后有一寺僧端一小杯茗，啜之特佳，遂将所余授病子，问其名，则为白鸡冠也。后知府离山赴任，中途子病愈，及悟为茶之功。于是奏于帝，并商其僧索少许献于帝，帝尝之大悦，敕寺僧守株，年赐银百两，粟四十石，每年封制以进，遂充御茶，至清亦然。后民国继起，清帝逊位，白鸡冠亦渐枯槁，好事者咸谓尽节以终。其后又从旁，发芽生枝。现存者为其系之后代。

名丛白鸡冠植株中等大小，树姿半开张，分枝较密，叶片呈稍上斜状着生。叶片较大，长椭圆形。为"叶色略呈淡绿。幼叶薄绵、绵为绸，其色浅绿而微显黄色，白鸡冠由此而得名"。叶面开展，叶肉与叶脉之间隆起，叶质较厚脆，叶缘平或微波，叶齿较稀浅纯，主脉粗显、叶尖渐尖，芽叶肥壮，黄绿色，叶背毛厚密。芽叶生育力强，持嫩性较强。春芽一芽二叶干样约含氨基酸 3.5％、茶多酚 28.2％，咖啡碱 2.9％，适制性好。制红茶，条索紧实，色泽黄褐，香气悠扬，醇厚清质爽，品质优异。

（三）紫阳灵芽

有性系。灌木型，中叶类，中生种，二倍体。原产安徽省祁门县。该品种植株适中，树姿半开张，分枝较密，叶片水平或稍上斜状着生。叶椭圆、色绿带紫，有光泽。叶面隆起，叶身平，叶缘平、叶齿锐浅，叶尖渐尖。叶质较厚软，芽叶黄绿色，茸毛中等。芽叶生育力强，持嫩性好。春茶一芽二叶干样含氨基酸 3.5％，茶多酚 20.7％，儿茶素总量 15.6％。咖啡碱 4.0％。制作红茶，条索紧细苗秀，色泽乌润，滋味醇厚鲜爽，香气似果香。适应性、抗害性强，产量较高。

图 4-5 紫阳灵芽

（四）松针雀舌

无性系。灌木型，小叶类，晚生种，混倍体。该品种原产武夷山九龙窠。20 世纪 80 年代初从大红袍第一丛母株有性后代中选育而成。植株适中，树姿较直立，分枝密，叶呈稍上斜状生。叶片较细长，呈披针形，叶色深绿，叶身稍内折，叶质厚脆，叶脉显，叶缘微波，叶齿细密深锐。齿间有小朱砂点，芽叶紫绿色，节间较短。芽叶生育力中等，发芽密度较大，持嫩性强。扦插繁殖力强。制作红茶，条索紧实，香气馥郁，芬芳悠长，味醇甘爽，制优率高，品质佳。

（五）仙霞梅占

无性系。乔木型，叶中类，中生种，混倍体。该品种原产福建安溪县芦田镇三洋村。因在仙霞关一带栽培有近 100 年历史而名。

该品种植株较高大，树姿直立，主干较明显，分枝密度中等，叶片呈水平状生，叶长椭圆型，叶色深绿富光泽。叶面平，叶缘平，叶身内折，叶尖渐尖，叶齿较锐浅密，叶质厚脆。芽叶绿色，茸毛较少，节间长。芽叶生育力强，发芽较密，持嫩性较强。春茶一芽二叶干样约含氨基酸 3.6%，茶多酚 27.5%，儿茶素总量 18.1%，咖啡碱 4.4%。抗旱性强，抗寒性较强。扦插繁殖力强，成活率高，产量高。制作红茶，条索紧结，汤色金黄，味独特，似兰花香，耐冲泡。

（六）名丛铁罗汉

无性系。灌木型，中叶类，中生种。

《闽产录异》载："铁罗汉为武夷宋树名。"是武夷山最早的名丛。

关于铁罗汉名称的由来，传说不一，但民间比较认同的则是：武夷山慧苑寺有一僧人积慧，通晓茶叶制造技术，因身体强壮、肤色黝黑，众人称之"铁罗汉"。一日他到慧苑岩下，发现蜂窠坑的岩壁上有一株茶树，便采下树上嫩芽带回寺庙，制成岩茶，冲泡后味特殊，带焦糖香，众人便以积慧之名称之为"铁罗汉"。

　　陈龙《闽茶说》载：名丛铁罗汉母树在武夷山有两处：一说在慧苑的鬼洞（也叫蜂窠坑），所在之处为崖壁间一条长仅丈许、狭窄的隙地上，边上有一小涧，流水潺潺，终年不绝。另外一说是长于竹窠岩的长窠两端最后一梯园的北角外面，位于三仰峰下。据说这一处的树品不唯高于鬼洞那一株，而且它有特殊的香味，甚至比大红袍还要胜一筹。至于鬼洞的铁罗汉名丛，高 3 米余，也是长身玉立的大树，叶阔而长，色褐绿，幼叶绵软嫩绿，花期比较迟。铁罗汉也有沉重如铁、味甘香高的特点。铁罗汉在 1914 年时，市价卖到每斤 8 个银圆，价钱最高时曾经卖过 1 两 10 个银圆，即一斤要 160 个银圆！其贵如此，仍风行各省，清人胡朴安评之为"工夫茶之最上者"，又说它是绿茶，这一点与郁达夫对铁罗汉的描述大有出入，后者云其"非红非绿"，半发酵的茶罢了。

　　据《福建茶叶》介绍，惠安施集权茶店于 19 世纪中叶经营武夷岩茶，所创制的多种商品茶中，以"铁罗汉"最为名贵。因为施氏茶店的"铁罗汉"用武夷茶陈茶作原料，可以治疗热病，并且在 19 世纪下半叶和 20 世纪初，对当时在惠安一地流行的瘟疫有明显的抑制作用，深受推崇，而更成为沿海渔民居家出外的必备品。当时，闽、粤两省嗜好铁罗汉的人很多，现在则不多

见了。

　　新中国成立后，"铁罗汉"还有生产，不过很少，近年来又开始恢复发展。

　　铁罗汉植株较高大，树姿半张开，分枝较密，叶水平着生，叶呈长椭圆形。叶色深绿具光泽，叶质厚脆。育芽力较强，发芽较密，芽叶黄绿色，有茸毛，持嫩性强，适应性强。扦插繁殖力强，成活率高，春芽一芽二叶干样约含氨基酸 2.9％，茶多酚 29.7％，儿茶素总量 19.7％，咖啡碱 3.7％。制红茶条索紧结，肥壮匀整，汤色橙黄明亮，滋味醇爽，香气浓郁悠长，带糖香，耐冲泡，品质优。

【第五章】
金针梅、金骏眉生产
加工技术

一、有机栽培

茶叶是我国传统的食品，也是重要的出口农产品。由于其独特的保健功效，目前已发展成为世界上消费量最大的三类无酒精饮料之一。随着人们生活水平的日益提高，人们对食品的要求，已经从"温饱型"，转向"高质量的安全型"。

所谓茶园有机栽培，它有两层内容：一方面是要求茶树能在自然环境中自由地生长，不受或少受不良环境的影响破坏，产出质优量高的鲜叶原料。另一方面是生产的鲜叶原料对人体健康不会带来不利的影响。

从目前茶叶中污染物质的来源看，一方面是来自茶园土壤，水体和大气等自然环境；另一方面则来自农药、肥料、机械等生产原料的投入。为控制和消除茶叶污染，实现茶园低碳有机栽培，必须从基地的选择开始，到茶园的土壤、肥料、病虫防治等方面，都要严格采取措施，按照有机标准来进行综合治理。

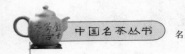

(一) 不施化肥、农药

化肥、农药的大量施用，既增加了农业生产资料企业在生产过程中温室气体的大量排放，又极大地破坏了土地的生态平衡及相关水源的安全，是导致环境整体平衡失控及安全污染的重要源头，也是茶叶质量优质及安全的重要障碍。

1. 行间覆草，增肥增效　茶园行间覆草是有机茶生产中一项最重要的土壤管理措施。它既可减缓地表径流速度，促使雨水向土层深处渗透，防止地表水体流失，增加土层蓄水量，抑制杂草生长；又有利土壤生物繁殖，增加土壤有机质含量，改善土壤理化性状，提高土壤肥力。对促进茶树生长，提高品质有重要的作用。许允文 1992 年研究证实，茶园覆草其鲜叶产量比不覆草的增加 20.8％，鲜叶氨基酸含量提高 0.13％、茶多酚提高 5.74％、咖啡碱提高 0.26％、水漫出物提高 5.1％。同时，还可以稳定土壤的热变化，夏天防止土壤水分蒸发，冬天保暖防冻。

图 5-1　行间覆草

2. 翻土晒白，提高肥效　武夷山茶区素有"七挖金，八挖银，九挖铜，十挖土"，"秋季深挖一寸，胜似茶园上粪"，"茶地晒的白，抵过小猪吃大麦"的说法，意指农历七八月为深挖翻土的最佳时期。因为此时开挖，一则断根再生能力最强；二则此时草籽尚未成熟，深翻后草籽来年不会发芽。九、十月开挖，草籽已成熟，草除了，但种子留下了，作用不大。深耕翻土一定要有"深度"，深翻出来的土一定要经太阳晒足，方可回填。秋季气温高，适时挖土，深耕晒白，能促进土壤分化，提高土壤速效氮、磷、钾及微量元素的含量，有利于断根愈合和长出的新根向更深处发育。金针梅、金骏眉每年只采摘春芽，所以原则上每年都进行一次深耕，对来年产量没有影响。当然，深耕翻土要讲究方法，不能离根际太近，否则会因伤根过多，抑制养分吸收，影响来年产量。

3. 施用饼肥，均衡肥力　饼肥施用一般与秋季深耕翻土晒白后的回填一并进行，一年一次。

饼肥是油料的种子经榨油后剩下的残渣。它含有丰富的有机质和较高的氮素，是氮、磷、钾养分齐全的优质有机肥料。据有关部门测定：饼肥一般含有机质 75％～85％、氮 2％～7％、磷 1％～3％、钾 1％～2％。饼肥肥效持久，茶园施用饼肥不仅能增加茶叶产量、提高茶叶品质、增加茶叶的香气，而且还能增加土壤中微生物的数量，增强土壤中蛋白酶、转化酶、淀粉酶、磷酸酶、脱氢酶、ATP 等多种酶的活性，改善土壤环境。还可减轻因缺少磷、钾肥引发的茶饼病、炭疽病、赤星病、红锈病和茶螨类等的危害。另据日本一项研究证实，当使用豆粕、鱼粕等一类饼肥时，1～2 年后，茶芽中碱性氨基酸，特别是精氨酸含量

明显减少，使之不利于刺吸式口器（蚜、螨类）的发生，下降虫口密度。

饼肥施入茶园土壤一般需用 20 天左右才能分解，所以宜在秋季进行，因为此时温度高，易于分解，被茶树根系吸收，为来年丰产奠定基础。

饼肥的种类很多，有豆饼、菜籽饼、麻籽饼、棉籽饼、花生饼、茶籽饼等。茶园以施用菜籽饼、棉籽饼、茶籽饼较为经济，每亩用量一般不超过 50 公斤。

（二）精耕细作，勤除杂草

金针梅、金骏眉园地水土条件好，四周生态条件也好，杂草极易生长。杂草不仅能与茶树争光、争肥、争气，又是病虫栖息的场所和传播的媒介，一有疏忽就会造成草荒及病虫害的发生，从而影响茶叶的生长。

金针梅、金骏眉园地不施用化学除草剂。而是采用传统的农业措施，通过精耕细作，去除防止草害。对于茶园行间已经铺草覆盖后生长的杂草，除恶性杂草如狗牙根，葛根、白茅，香附子、络石藤等，采用人工去除外，一般性的杂草不必除净，应保留一定数量，它可调节园地的小气候，改善茶园生态环境，利于天敌栖息，防治茶园害虫。

对于一些没有条件铺草覆盖的茶园，一般在春茶开采前进行一次浅耕削草（约 10 厘米左右）去除越冬杂草。春茶结束后再次浅耕削草，疏松被采茶踏实的表土。6 月份梅雨季节结束后进行第三次浅耕削草。第四次是在秋季杂草开花结籽时进行。这次浅耕削草对防止第二年杂草生长有非常重要的作用和意义，不能放弃。

（三）适时排灌，抑制病虫

茶叶云纹叶枯病、赤叶斑病、白绢病等常常在干旱季节流行。因此，夏季灌溉既抗旱，又对防止上述三种病害的发生有明显效果。排水不畅、地下水位过高、茶树根病、红锈藻病和茶长绵蚧等病虫害发生严重。适时排水对上述病虫害有明显的抑制作用。

（四）修剪台刈，治理病虫

定型修剪、轻修剪、深修剪、重修剪、台刈是茶树树冠管理的5种方法。金针梅、金骏眉因每年只采摘春季茶树上的单芽为原料，因此要求单芽必须饱满，百粒芽要重。所以在品种的选择上除考虑香型等品质因素外，皆选用芽叶生育力强的品种。通过深修剪、重修剪、台刈相结合的办法对金针梅、金骏眉园地的茶树进行修剪，一方面可促进第二年芽叶的健壮抽生；另一方面可以通过修剪疏枝，去除钻蛀性害虫、茶树茎病和茶树上的卷叶蛾，让蓬脚通风，对抑制蚧类、粉虱类害虫有非常好的效果。茶园修剪台刈下来的茶树枝叶要集中堆放，集中处理，而后回归茶园土壤中。这是增加茶园有机质，提高养分的循环利用，减少元素损失的极好方法，不要忽视。

（五）直接捕杀，防治害虫

利用人工或简单器械捕杀害虫。如震落有假死习性的茶黑毒蛾、茶丽纹象甲，用铁丝钩杀天牛幼虫；用牛粪诱杀蝼蛄。对茶尺蠖、黑毒蛾等害虫，则采用将未交配的活体雌虫固定在一个小笼中，下置水盆，利用其释放的性外激素来诱杀求偶雄虫。对茶毛虫卵块、茶蚕、蓑蛾、卷叶蛾蛹、茶蛀梗虫、茶雄沙蛀虫等目标大或危害症状明显的害虫，采取人工捕杀的方法；对局部发生

量大的介壳虫、苔藓等则采取人工刮除的方法防治。

金针梅、金骏眉茶园周边没有污染源，生态环境好，生物链完整平衡，土壤自给肥力高，栽培过程通过覆草、深耕翻土晒白、修剪台刈、人工除草、施用饼肥，平衡茶树生长，抑制病虫草害。不施用化肥、农药，先后通过国内外多家权威机构的有机茶认证，是消费者可以信任，放心饮用的绿色安全食品。

二、金针梅加工工艺

金针梅为全发酵红茶。它以适制的几种茶树品种的眉芽为原料，按祖率定律，将萎凋后过完红锅的眉芽进行配比混合，施以传统正山小种的制作工艺并辅以大红袍的烘焙技术，精细融制而成。由于按一定配比混合的眉芽在经过过红锅的过程后，又施以复揉工序，细胞汁相互渗透，相互作用，茶叶化学成分变化大，茶多酚减少，香气物质增加，形成了金针梅独特的风格和品质特征。其制造工艺是：

紫芽红袍郁苍苍，闻鸡起舞唤芽忙。

春色未阑清露重，娥皇女英意彷徨；

仙鹤有情衔灵芽，凤凰无意归暗巢；

又见天公多感慨，却倚赤松话温凉；

太极初生分地天，翠袖红鞋舞翩跹；

周三径一有初制，巧思入神铸金针；

庖丁巧解开全牛，朱雀引来圣火光；

祖龙聚缶终成鼎，人间至道是沧桑。

（一）紫芽红袍郁苍苍

红茶内在品质的优劣是由茶叶中各种化学成分的种类、含量与比例所决定。这些化学成分对品质的影响程度是各不相同的。有关部门研究认为：主要成分与红茶品质之间的相关系数分别是：茶多酚 0.920，茶黄素 0.875，茶红素 0.633，氨基酸 0.864，咖啡碱 0.654，茶褐素与汤色之间的相关系数为 －0.797。除茶褐素外，其余成分与品质呈正相关，其中尤其是多酚类物质，茶黄素、氨基酸对品质的影响最大。

金针梅红茶选用的原料皆是多酚类物质、氨基酸及儿茶素总量含量高，而且其中尤其是脂型儿茶素、没食子儿茶素含量高的茶树品种。如：紫芽大红袍、紫阳灵芽、松针雀舌、仙霞梅占、名丛铁罗汉、名丛白鸡冠等皆为武夷山当地优质品种。

（二）闻鸡起舞唤芽忙

闻鸡起舞成语出自《晋书·祖逖传》："中夜闻荒鸡鸣，蹴琨觉，曰：'此非恶声也'。因起舞。"在这里是喻金针梅之所以有

图 5-2　武夷山祭茶场面

57

独特优良的品质，它源自于金针梅茶人对茶树日复一日，年复一年的精耕细作和认真的呵护管理。"唤芽"，即喊山。《武夷山旧志》云：每岁惊蛰日，崇安县令具牲醴诣茶场致祭，仪式隆重，把武夷茶视为神物。"喊山台"武夷山至今仍存，它高 5 尺，宽 1 丈 6 尺，建于 1332 年，设于通仙井畔。金针梅唤芽仪式与喊山相似，在茶叶开采季节第一天天亮前进行。

（三）春色未阑清露重

春分至清明是金针梅眉芽采摘的黄金季节。此时春色未阑，茶芽旺盛抽生，清晨露重，茶芽挂着露珠，欲滴非滴，春意盎然，生机勃勃，如诗如画。

采摘金针梅眉芽应先对茶树归类编号，并用麻绳系好，而后轻轻抖动，振去茶树芽尖上的露珠，待太阳斜射 2 小时后，按类分时剪取。鲜叶老嫩度是决定成茶品质最基本、最重要的条件之一。相对嫩度越高，决定红茶品质的有效成分含量也就越高。因此，金针梅在采摘上特别强调嫩采、早采，以增加游离氨基酸等内含物质的相对含量，提高鲜叶原料的品质。

（四）娥皇女英意彷徨

娥皇、女英是中国古代传说中尧帝的两个女儿。

在金针梅制作过程中，茶人祖耕荣先生借"娥皇、女英"喻茶芽内质之优，外形之美。"意彷徨"指茶芽离枝时的恋情，喻茶是有情有义之物，是有灵性的东西。

（五）仙鹤有情衔瑞草

"山实东吴秀，茶称瑞草魁；剖符虽俗吏，修贡亦仙才"是唐代诗人杜牧《题茶山》诗中的精华名句。瑞草魁是唐代名茶。这里借指金针梅红茶。为避免眉芽在采摘过程中受损，影响条索外形，金针梅眉芽不用手采，而是采用专门制作的工具——仙鹤剪来进行。仙鹤剪因形如鹤喙而名。

（六）凤凰无意归暗巢

凤凰是中国神话传说中的神异动物和百鸟之王。在这里喻金针梅红茶之公主地位。"归暗巢"指的是将用仙鹤剪剪取下来的眉芽，轻轻装入特制的黑包容器内。黑包容器能防止阳光直接照射而引起眉芽水分的过度散失，影响萎凋质量，降低茶叶品质。有研究表明，当萎凋叶含水率低于 60% 以下，茶黄素就会大幅度减少，鲜爽度得分就会迅速降低。适度失水，可防止多酚类物质过多的消耗，有利于多酚氧化酶的活性。同时，叶片中保留较多的水分，由于水分是化学反应不可缺少的介质，因此能获得较多的茶黄素，提高成茶品质。

图 5-3　金针梅采茶图

（七）又见天公多感慨

即晒青萎凋的过程。"见天公"是把眉芽从特制的黑色容器中取出进行萎凋。萎凋方式多种多样，有自然萎凋，人工萎凋和

日光萎凋等。自然萎凋鲜叶水分散失及叶内各种物质的化学变化是在自然状况下进行的。从理论上说，采用自然萎凋制成的成茶品质要优于其他萎凋方式。但在生产实践中，由于武夷山春季天气潮湿，空气温度相对较高，鲜叶水分不易蒸发，叶组织的脱水作用难以正常进行，化学变化缓慢，会影响萎凋质量。所以金针梅多采用人工萎凋法，它有特制的萎凋场所，其场地下面铺设青砖，中间垫谷席，上面覆盖白色帆布。人工萎凋前鲜叶先期摊放三小时，然后采用鼓风机，冷、热风交替的方式，将萎凋温度保持在 22～25℃，湿度 70％～75％较为理想的范围内，时间一般控制在 16～18 小时。

图 5-4　金针梅室内萎凋房

金针梅萎凋法能克服不利气候的影响，其眉芽理化变化较自然萎凋充分，可溶性氮和咖啡碱含量也较自然萎凋叶高，成茶品质较自然萎凋更为优良（见表 5-1）。

表5-1　金针梅萎凋法与其他萎凋方式成茶品质比较

萎凋方式	总时间	可溶性氧（%）	咖啡碱（%）	水浸出物（%）	TF（茶黄素%）	TR（茶红素%）
鲜叶	0	1.89	3.46	48.39	0	0
自然萎凋	16	2.11	4.16	48.13	1.34	15.26
人工萎凋槽萎凋	18	2.11	4.3	46.03	1.31	15.52
金针梅萎凋法	18	2.14	4.49	47.54	1.41	15.72

图5-5　金针梅调温灶

（八）却倚赤松话温凉

赤松即赤松子，又名赤诵子，号左圣，南极南岳真人，左仙太虚真人。相传为神农时的雨师。能入火自焚，随风雨而上下。

"却倚赤松话温凉"，是借用道家哲学思想，强调金针梅眉芽萎凋必须调和阴阳，适度萎凋。温度过高过低，时间过长过短，对制茶品质都是不利的。萎凋适度的标准是：眉芽柔软，手捏成团，松手不易弹散，眉芽表面光泽消失呈暗绿色，部分青气消失

并散发出一定的清香，鲜叶失水率一般在 35%～40%。萎凋不足，成茶味淡、水薄、青涩，外形欠油润，易碎。萎凋过度，则成茶叶底乌黑，汤色没有光鲜度，香低味淡。

（九）太极初生分天地

太极始于无极，分二仪，由两仪分三才，由三才显四象，演变八卦。依据易经阴阳之理，中医经络学，道家导引、吐纳综合地创造出了一套有阴阳性质，符合人体结构，大自然运转规律的拳术，古人称之为"太极"。它中正安舒，轻灵圆活、松柔慢匀、开合有序、刚柔相济、运动自然，如行云流水，连绵不断，给人以美的享受。

金针梅取茶树眉芽为原料，由于眉芽持嫩性高，揉捻不当就会影响成茶的条形和外观。金针梅茶人依据太极虚实、柔刚、静动之原理，将萎凋芽先轻揉、慢揉，让眉芽碰撞，摩擦生热，提高叶温，增强酶的活性，加快多酚类物质的酶性氧化。待眉芽变软后，再缓慢加压至茶汁大量流出，欲滴未滴，眉芽呈小团状，茶胚呈褐色并带有清香味为止。整个过程大约 35～40 分钟，室内温度控制在 22～26℃之间，相对湿度保持在 95% 左右。

（十）翠袖红鞋舞翩跹

该工序即为过红锅，它是武夷山传统小种红茶持有的工序。其目的和作用是停止酶的活动，不让眉芽继续发酵。同时，蒸发部分水分，散发青气，提升香气，以保证金针梅红茶香气甜纯。其方法是当铁锅温度达到要求时，投入揉捻发酵叶，用双手翻炒。该炒制技术要求较严，一是时间不能过长，也不能过短。过长失水过多容易产生焦芽，过短则达不到提高香气的目的。二是投芽量不能过大，否则易使眉芽处于"闷蒸"状态。处于"闷

"蒸"状态下的眉芽，多酚类物质自动氧化的能力非常强。茶黄素和茶红素向茶褐素的转化亦十分激烈，对茶叶品质极为不利。

图 5-6　金针梅焙篓

图 5-7　金针梅烘焙用具

"翠袖红鞋"在该工序中本借代少女，喻金针梅有"公主的身份"。"舞蹁跹"是指眉芽在过红锅的过程中，炒茶之人的动作和眉芽在红锅内翻滚的姿态，犹如翩翩起舞的少女，美不可言。

（十一）周三径一有初制

好茶就像一个优秀的团队，由若干个优秀的个体组成一样，必须进行拼配，方能保证其独特优良的品质。

"周三径一"：其含义是圆周周长与直径的比率为三比一。系古代关于圆周率的不太精确的估算。

图 5-8　祖率调配槽

圆周率是一组神秘的数字。金针梅茶人按"祖率"定义，将"翠袖红鞋舞翩跹"后的紫阳灵芽、紫芽大红袍、名丛铁罗汉、松针雀舌、仙霞梅占、白鸡冠等，进行排列组合，取长补短，铸造"茶中公主"的内外品形。

（十二）巧思入神铸金针

举重若轻是一种境界，举轻若重则是一种更高的境界。为铸造金针梅"茶中公主"的地位和形象。金针梅茶人举轻若重，将"周三径—有初制"拼配好的眉芽，回炉趁热施以复揉，使回松的眉芽进一步紧缩似金针状。

（十三）庖丁巧解开全牛

庖丁解牛系我国古代成语。出自《庄子·养生主》之"庖丁为文惠君解牛，手之所触，肩之所倚，足之所履，膝之所骑，砉然响然，奏刀騞然，莫不中音"。后人比喻做事必须经过反复实践，付出辛勤汗水，掌握了事物的客观规律后，才能得心应手，运用自如。

金针梅茶人在这里引用庖丁解牛的故事，有两层含义，一是经复揉后的眉芽芽胚必须迅速熟练抖散摊在竹筛上，否则会因为"堆渥"继续发酵，影响成茶品质。二是金针梅独特的制造工艺是经过反复不停的试验，付出艰辛汗水才总结出来的。

（十四）朱雀引来圣火光

朱雀在中国传统文化中是四象，上古四大神兽之一。它是一种红色的类似于鸟的动物，形似凤凰状如锦鸡，五彩羽毛，其身覆火焰，终日不熄。根据五行学说，它是代表南方的神兽，代表的颜色是红色，主火，被古人誉为"神鸟"。

金针梅茶采用传统的炭焙技术进行烘焙，与一般红茶不同。其火种，来自精心采集的奥运圣火。

金针梅炭焙方法是：用采集来的奥运圣火作引子，将来自深山老林中的木炭完全燃尽，待无烟、无异味后，移入特制的焙笼中，将待干燥的眉芽均匀地摊放在洁净的白布上慢慢炖焙，每20多分钟翻动一次。翻动时，将四周的白布轻轻收起抖动，围拢成一小团，轻轻从下往上翻摊，目的是为了不让细末掉入炭火

中燃烧，产生烟味，影响成茶品质。为此反复，直至干燥，达到要求为止。

（十五）祖龙聚缶终成鼎

《史记·秦始皇本纪》："三十六年……秋，使者从关东夜过华阴平舒道，有人持璧遮使者曰：'为吾遗滈池君。'因言曰：'今年祖龙死。'"裴骃集解引苏林曰："祖，始也；龙，人君像；谓始皇也。"后人指祖龙为秦始皇。

"缶"原来是古代一陶器。类似瓦罐，形状很像一个小缸或钵。是古代盛水或酒的器皿。圆腹、有盖、肩上有环耳，也有方形的。盛行于春秋战国。"缶"演变成一种乐器，在中国古代典籍中，多处提到。

"鼎"最初是由远古时期陶制的食具演变而来的。后来，鼎，从炊器发展为王权的象征，传国的重器，又是旌功记绩的礼器。周代的国君或王公大臣在重大庆典或接受赏赐时都要铸鼎，以记载盛况。

"祖龙聚缶终成鼎"在这里是喻金针梅红茶从一款不为人所知的茶叶，通过不断努力、反复研制，终于打造出了有自己独特文化内涵，戴着"申奥第一茶"桂冠，在中国林林总总茶叶中脱颖而出，被喜茶爱茶之人誉为"茶中公主"，不平凡的一个创造过程。

（十六）人间至道是沧桑

酸甜苦辣，沧海桑田。金针梅茶人一路走来，有成功的喜悦，也有失败的沮丧，但他们没有放弃，没有退却，经受了考验。茶叶制作的艰辛本身对茶人来说就是一种考验，然而成茶品质的优劣更是对茶人考验的一种检验。有付出，就有收获。金针

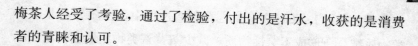

梅茶人经受了考验，通过了检验，付出的是汗水，收获的是消费者的青睐和认可。

三、金骏眉加工工艺

价值是价格的基础。金骏眉的核心价值在于它的品质，而品质的核心在于它绝对优良的产地和成熟的采制工艺。这是金骏眉获得市场认可，取得市场竞争优势的根本。金骏眉是正山小种红茶的珍品。与正山小种红茶相比，其工艺省去了熏焙的工序，对原料的要求更高，制工更精细、更严格，环环相扣，把握不好，就会影响品质。

（一）适时采青

金骏眉对原料要求非常严格。必须要以生长在武夷山自然保护区内茶树的芽头为原料，一年一次，只采春芽。以淡绿芽为上，浅黄色芽、紫芽为中，墨绿芽为次。芽头要求匀净、新鲜。当天采，当天做。轻采轻放，雨天不采。

氨基酸是红茶鲜味的主要来源，与红茶滋味关系密切。游离氨基酸的季节变化规律是春高、秋低，夏居中，其中对红茶滋味影响最大的茶氨酸、谷氨酸、天门冬氨酸的含量也是随季节的变化呈现春高、秋低、夏居中的趋势。因此，金骏眉在采摘上应特别强调嫩采、及时采，以增加游离氨基酸等内含物质的相对含量，提高原料的品质。

芽头的老嫩程度是决定金骏眉成茶品质最基本、最重要的条件之一。过早采摘，虽然有利于茶叶的外在条形的形成，但生物学产量低。同时由于蛋白质含量较高，多酚类物质总量低，特别

是脂型儿茶素 L-EGC 含量低，在制造过程中蛋白质易与儿茶素类物质结合，形成不溶性物质，减少茶黄素类物质形成的量，影响内在品质。过迟采摘，虽然生物学产量较高，但因茶叶可溶部分含量降低，与成茶品质呈负相关的粗纤维明显增加，影响品质。相对而言，在一定时期内，芽头嫩度越高，决定成茶品质的有效成分含量就越多，成茶品质也就越好。

（二）增氧加温，适度轻萎凋

萎凋是金骏眉制作的第二道工序。萎凋的目的一是让进入工厂的茶叶芽头，在一定的条件下均匀地散失适量的水分，使细胞胀力减少，叶质变软，便于成条，为揉捻工序创造物理条件。二是随着茶叶芽头水分的散失，细胞液逐渐浓缩，酶活性增强，引起内含物质发生一定程度的化学变化，散失青草气，为发酵工序创造化学条件。

萎凋的方式多种多样，有自然萎凋、人工萎凋和日光萎凋三种方法。自然萎凋指的是，鲜叶水分的散失及叶内各种物质的化学变化是在自然状况下进行的。所以从理论上讲，采用自然萎凋的制茶品质应优于其他萎凋方式。但由于金骏眉原产地桐木一带，春季雨水多，空气湿度大、气温偏低，鲜叶水分不易蒸发，叶组织的脱水作用常常不能正常进行，化学变化缓慢，萎凋质量受到影响。

为克服不利气候的影响，提高萎凋工序的效率和质量，金骏眉以人工室内增氧加温萎凋为主，日光萎凋为辅。

1. 室内增氧加温萎凋　传统室内加温萎凋称"焙青"。焙青设"青楼"，分上下两层，中间用搁木横档隔开，横档每隔三四厘米一条，不设楼板。横档上铺设青席，供萎凋时摊叶用。搁木下 30 厘米处设焙架，供干燥时熏焙用。用该方式加温时，室内门窗关闭，然后在楼下地面上直接燃烧松柴，开始升温。热空气通过湿坯上升到楼上，待室温上升至 28～30℃时，把鲜叶均匀抖散在青席上，进行萎凋。由于室内门窗紧闭，浓烟烈熏，生产者眼睛和呼吸道易受损伤，影响身体健康。

图 5-9　老茶厂

　　金骏眉室内增氧加温萎凋，用增氧机增氧，用槐炭燃烧加温。用该方法进行人工萎凋，易于调控温湿度。芽头萎凋均匀，质量高，且由于不用松柴燃烧加温，安全、干净、卫生，对生产者的眼睛和呼吸道没有损伤。

　　槐炭是用槐木段烧制成的木炭。它具有燃烧时间长、火焰旺、热值高、不冒烟、无异味的特点。

　　萎凋程度的轻重，对金骏眉的外形、内质有重要的影响。研究结果表明，当萎凋叶含水量低于 60％以下，茶黄素就会大幅度减少，鲜爽度就会迅速降低。适度轻萎凋能防止多酚类物质过多消耗，有利于多酚氧化酶的活性。同时，由于水分是化学反应不可缺少的介质，适度轻萎凋，能使芽头保留较多的水分，利于获得较多的茶黄素。萎凋不足，成茶味淡、水薄、青涩，外形欠油润、易碎；萎凋过重，发酵叶的酶活性下降，不利茶黄素的保存，会使成茶叶底发黑，汤色失去光鲜度，品质变差。

金骏眉采用适度轻萎凋的办法进行，保存有较多的茶黄素，因而品质优。金骏眉适度轻萎凋，其萎凋叶含水量应控制在70％左右。

金骏眉适度轻萎凋的标准是：眉芽表面光泽消失呈暗绿色，眉芽柔软、手捏成团，松手不易弹散，部分青气消失并散发出一定的清香。

萎凋温度是影响萎凋过程化学物质转化的另一个重要原因。温度越高，水分蒸发量越大，萎凋速度越快。温度过高，会使多酚类物质氧化损失过多，茶黄素的形成减少，对金骏眉的品质不利。所以加温萎凋其温度宜控制在 22～25℃的范围内，因为此时茶黄素的积累量较高，多酚类物质、儿茶素的保留量也较多。湖南茶科所在 1980 年，对不同萎凋温度对萎凋叶和毛茶成分影响的研究，证明了这一点（见表 5-2）。

表 5-2　不同萎凋温度对萎凋叶和毛茶成分的影响

（湖南茶科所，1980）

项目	萎凋温度	25℃	30℃	35℃	40℃	45℃	50℃
萎凋叶	多酚类物质（％）	21.40	21.96	21.74	18.76	18.74	18.15
	儿茶素（％）	18.56	17.25	17.58	17.37	16.72	13.48
	氨基酸（％）	3.07	2.91	2.85	2.93	2.83	2.68
	水浸出物（％）	38.17	38.11	36.40	36.36	34.61	34.69

（续）

项目 萎凋温度	25℃	30℃	35℃	40℃	45℃	50℃
毛茶 茶黄素（%）	0.80	0.83	0.82	0.71	0.75	0.54
品质化学鉴定得分（100）	61.20	60.84	58.11	51.20	54.38	44.95

　　萎凋过程，实质上是鲜叶化学成分化学变化的初级过程，诸如提高多酚氧化酶的活性，使蛋白质水解形成更多的氨基酸，淀粉和原果胶水解产生可溶性糖和可溶性果胶等，这些化学变化都必须经历一定的时间，但如果时间太长，又会损耗基础物质。萎凋时间过短，化学变化就难以完成。金骏眉萎凋以 10~12 个小时为宜。

　　萎凋需要一定的氧气。金骏眉用增氧机补充氧气，品质大大提高。

　　2. 日光与室内增氧加温萎凋结合　　日光萎凋是利用茶厂附近空地向阳位置搭建"青架"，高 2.5 米，宽 4 米，长度依地方大小而定。架上铺设用原竹编成的"竹簟"，竹簟上再铺青席，供晒青用。这种青架远离地面，清洁卫生，上下空气流通，有利萎凋进行。萎凋时将芽头抖散在青席上，厚度以薄为好，一般不超过 2 厘米。视日光强度，每 10~20 分钟翻拌一次，约翻 2~3次，至芽头萎软，手握如绵，叶面失去光泽，梗折不断，青气减退、略带清香，移入室内。传统的做法，此时即可进行揉捻。

　　金骏眉芽头肥壮，日光萎凋，其程度一般难以均匀。因此，移入室内，待水分重新分布后，再利用增氧加温，进行继续萎凋，至萎凋适度为止。用这种方法，由于芽头萎凋充分，可溶性氮和咖啡碱含量高，因而成茶茶黄素含量高、品质优、汤色

金黄。

(三) 分段揉捻

所谓揉捻，即用揉和捻的方法将茶叶缩小卷成条形。揉捻的目的一是使叶细胞在外力作用下，通过揉捻、破坏细胞、溢出茶汁、加速多酚类化合物的酶促氧化，为提高成茶品质奠定基础。由于多酚类化合物的氧化是随揉捻的开始而逐渐加剧，因而计算红茶"发酵"的时间，一般是从揉捻开始。二是使茶叶揉卷成紧直的条索，缩小体形，塑造美观的外形。三是茶汁溢聚茶条表面，冲泡时易溶于水，形成光泽，增加茶汤浓度。金骏眉采用机械揉捻与手工揉捻相结合的办法进行揉捻。具体有三道工序：

1. 初揉 即把适度轻萎凋的金骏眉移入揉捻机内，进行揉捻。金骏眉芽头持嫩性好，揉捻必须讲究方法，揉捻不当，就会影响或破坏成茶外形和条索。

图 5-10 初揉的金骏眉

"嫩叶轻压"、"轻萎凋轻压"。金骏眉萎凋芽正确的揉捻方式是：先轻揉、慢揉，让眉芽相互充分碰撞、摩擦，产生热量，提高叶温，增强酶的活性，加快多酶类物质的酶促氧化。待眉芽十分揉软之后，再缓慢加压，揉至茶汁大量流出，欲滴未滴，眉芽呈小团状，茶坯呈褐色并带有甜香味为止。整个过程大约 35～40 分钟，室内温度控制在 22～26℃之间，相对湿度保持在 95% 左右。

2. 解块　即用于解散初揉时眉芽结成的团块，散发热量，降低叶温、去除老叶及初揉过程中折断的芽尖。

3. 手工复揉　使用揉捻机对萎凋芽进行揉捻，常常由于加压过重，使揉盖与揉盘产生的正、反压力相互作用，揉桶推力减弱，眉芽在揉桶内形成平面移动，眉芽受压成扁条，很难形成浑圆紧直的条索，通过手工施以复揉，有助于进一步紧缩眉芽，形成理想的条索外形。

揉捻的过程，同样需要消耗大量的氧气，应注意及时补氧，

图 5-11　江元勋手工复揉

使供氧量超过耗氧量，它对提高金骏眉的成茶品质有重要的作用。

（四）悬挂式增温加氧发酵

据多年的观察测定，发酵房内上层气温，一般要较中、下层高 5～10℃，上层湿度也较中、下层高。悬挂发酵即利用上、中、下温湿度的差异，将复揉后的金骏眉眉芽装入竹编的箩筐内压紧，悬挂在室内距地面 2/3 处，筐内装茶，然后，在上盖以浸湿的厚布，保持湿度，厚度以 30～40 厘米为宜。装叶较多，可在中间挖一洞，以便上下通气，为发酵提供良好的条件。

图 5-12　悬挂式增温加氧发酵

（左起：徐庆生、江元勋、祖耕荣）

"发酵"实质是以多酚类物质的酶促氧化为中心，它是形成金骏眉色、香、味品质特征的关键工序。温度、湿度和氧气量是影响茶多酚酶性氧化重要的环境条件。

1. 温度　温度对发酵质量的影响最大。一般认为，在发酵

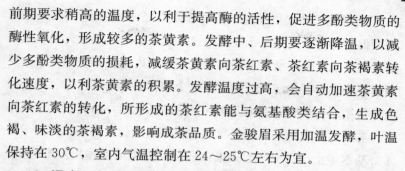

前期要求稍高的温度，以利于提高酶的活性，促进多酚类物质的酶性氧化，形成较多的茶黄素。发酵中、后期要逐渐降温，以减少多酚类物质的损耗，减缓茶黄素向茶红素、茶红素向茶褐素转化速度，以利茶黄素的积累。发酵温度过高，会自动加速茶黄素向茶红素的转化，所形成的茶红素能与氨基酸类结合，生成色褐、味淡的茶褐素，影响成茶品质。金骏眉采用加温发酵，叶温保持在30℃，室内气温控制在24~25℃左右为宜。

2. 湿度　发酵环境应保持很高的湿度。环境湿度过低，发酵叶含水量减少，多酚类物质的氧化自动加速，茶褐素积累过多，成茶叶底较暗，汤色差、滋味淡。所以金骏眉发酵应在高湿环境中进行，要求相对湿度必须达到95％。这样的湿度有利于提高酶的活性，有利于茶黄素的形成。在生产上通常采用喷雾或洒水等措施来进行增湿。

3. 氧气　发酵需要大量的氧气。据中国农业科学院茶叶研究所测定，制造一公斤红茶，在发酵中每小时要耗氧4~5公斤。氧气不足，发酵不能正常进行。

发酵还会产生大量的 CO_2。据测定，从揉捻开始到发酵结束，每100公斤叶子，可释放30公斤的 CO_2。因此，发酵场所必须保持空气新鲜流通。金骏眉在萎凋、揉捻、发酵等环节，均采用人工增氧机增氧。这是金骏眉优良品质形成不可忽视的一个重要因素。

4. 时间　发酵时间必须适度。延长发酵时间，茶褐素会进一步转化成水不溶性物质，造成多酚类物质氧化量增多，茶黄素不仅难以增加，而且趋于减少，从而使茶叶品质失去鲜爽的基础。实践证明，金骏眉发酵的时间以8小时为好。

5. 轻重　　"宁可偏轻，不可过度"。金骏眉发酵，其程度以适度偏轻为好。这是由于发酵叶进入干燥后，叶温受火温影响是逐步上升的，酶的活性不仅不能在短时间内被立即破坏停止，反而会有一个短暂的活跃时间，在这个短暂的时间里酶促氧化进行地异常激烈，直到叶温上升破坏了酶的活化后，酶促氧化才会停止。多酶类化合物的非酶促氧化在湿热作用仍会进行，到足干时才会基本停止。在生产上如果以适度发酵或适度偏重发酵为准，在干燥过程中则往往会造成发酵过度或严重过度，品质降低的问题。

（五）干燥

干燥是金骏眉加工的最后一道工序。同时，也是决定金骏眉品质的最后一关。干燥的目的，一是利用高温破坏酶活动，停止酶促氧化；二是蒸发水分，紧缩茶条，使茶条充分干燥，防止非酶促氧化，可长期保持品质，便于包装运输；三是散发青臭气，进一步提高和发展香气。

干燥的方法，有烘笼烘焙和烘焙机烘焙等。烘笼烘焙是用竹制烘笼，木炭加热烘焙。该方法设备虽简单，但操作技术要求高，烘焙出来的茶叶香气好，质量高，是武夷山茶区民间传统广泛使用的一种方法。

金骏眉采用烘笼，槐炭加热烘焙。其方法是在烘笼内底铺垫一层江西铅山产的连四纸，在纸的上面，置1～2厘米厚经适度偏轻发酵的眉芽，在眉芽上面再盖一层连四纸。

连四纸，洁白莹辉，细嫩绵密，平整柔韧，有隐约帘纹，防虫耐热，永不变色，素有"寿纸千年"之说。用之作为金骏眉干燥之下垫、上覆，由于其吸水性好，能均衡眉芽水分，有利加快金骏眉眉芽干燥的速度。同时，还可防止因在干燥过程中茶末、茶片丢入火中，影响茶叶品质。连四纸柔韧，耐高温，可反复使用。

金骏眉烘焙分两次进行。第一次称毛火，第二次称足火，中间要经过一个小时左右的摊凉，使毛火后的茶叶水分重新平衡，便于下一工序足火均匀。毛火温度110℃，持续时间一个半小时左右。高温快烘是技术要领，这是因为从烘焙开始到眉芽有一定干度的时间里，眉芽水分多，叶温高，处于湿热状态。若烘焙温度低、时间长，一方面多酚类物质的自动氧化会非常迅速，茶黄素和茶红素向茶褐素的转化也十分激烈，造成过度发酵，对品质极为不利。另一方面，由于热蒸作用，产生闷黄，使眉芽色泽转暗，香气变得低闷，鲜度下降，影响品质。

研究表明，多酚氧化酶对温度的反应，40℃以上其活性才开始下降；80℃以上，酶蛋白发生变性，失去活性。所以，要保证金骏眉的品质，毛火时必须采用高温快烘的办法，迅速破坏酶促氧化，消除湿热作用。

茶叶不愉快的芳香成分，一般沸点都低，会在烘焙过程中挥发逸散。高沸点的芳香成分，一般都具有良好的香气，在毛火中不能完全透发，必须在更高的温度下才能透发。温度低香气不纯，温度过高，芳香成分又会丧失。

金骏眉足火，采用高温短时的方法。其温度在130℃左右，时间半个小时。这是金骏眉独特香气形成的一个重要技术措施。

金骏眉烘焙充分，不但香气清纯、品质优，而且含水量低，一般在3%～4%，可较长时间保存而不会变质。

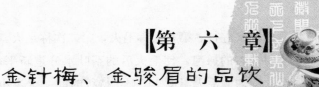

〖第 六 章〗
金针梅、金骏眉的品饮

一、茶具选择

　　烹茶品茗，讲究器具，历来如此。故古有茶房"四宝"之说。所谓茶房"四宝"是指：潮汕炉、玉书碨、孟臣罐、若琛瓯。清代连横言："茶必武夷，壶必孟臣，杯必若琛，非此不足自豪，不足待客。"连横系国民党名誉主席连战之祖父，著有《台湾通史》、《台湾语典》、《台湾考释》、《大陆诗草》等书。连横一生嗜茶，对茶颇有研究。

　　我国的茶具，玲珑满目，种类繁多，造型优美。由饮茶的习俗和选用茶的种类不同，茶具的选择也有所不同。但总的发展趋势是由繁变简，由粗向精。

　　金针梅、金骏眉系武夷茶中的珍品。品饮金针梅、金骏眉通常可用盖杯茶盏、白瓷壶杯、紫砂壶杯等。但以宜兴紫砂壶，配以白瓷杯、搪瓷托盘为好。壶大小要如拳头、杯小要似核桃。紫砂壶体小壁厚，成陶温度在1 000～1 200℃，质地致密，既不渗漏，又有肉眼看不见的气孔，能吸附茶汁，蕴蓄茶味，传热缓慢不烫手，冷热骤变不破裂。用紫砂壶泡金针梅，香味醇和，保温性好，无熟汤味。

二、水的选择

在中国古代诸多茶书中，有不少是评鉴水质的。但真正将品水艺术化、系统化的还是明人田艺蘅。

他在《煮泉小品》中说：茶。南方嘉木，日用之不可少者，品固有微恶，若不得其水，且煮之不得其宜，虽佳弗佳也。

好茶必须要用好水来泡。茶与水的关系，就像鱼与水的关系一样亲密。明人张源在《茶录》中说："茶者水之神，水者茶之体，非真水莫显其神，非精茶曷窥其体。"明代张大复在《梅花草堂笔记》中更是明确说明："茶性必发于水，八分之茶，遇十分之水，茶亦十分矣，八分之水，试十分之茶，茶只八分耳。"

名茶得甘泉，犹如人得仙丹，精神顿异。无好水是不可与论茶的。

（一）宜茶用水

按照水的来源，宜茶用水可分为天水类、地水类、再加工水三大类。

1. 天水类 包括雨、雪、霜、露、雹等。立春雨水最适泡茶。这是因为立春雨水得自然界春发万物之气，用于煎茶可补脾益气。我国中医认为露是阴气积聚而成的水液，是润泽的夜气。甘露更是"神灵之精、仁瑞之泽、其凝如脂、其甘如饴"。用草尖上的露水煎茶可使人身体轻灵、皮肤润泽。用鲜花中的露水煎茶可使人容颜娇艳。

2. 地水类

（1）泉水。科学分析表明，泉水涌出地面之前为地下水，经底层反复过滤，涌出地面时，水质清澈透明。沿溪涧流淌，吸收空气，增加溶氧量，并在二氧化碳的作用下，溶解了岩石和土壤中的纳、钾、钙、镁等元素，电导率低，具有矿泉水的营养成分。用之泡茶，色香味俱佳。

（2）江、河、湖水。均属地表水，含杂质较多，浑浊度较高。一般说来，江、河、湖水沏茶难以取得较好的效果，但在远离人烟、植被生长繁茂、污染物较少之地的江、河、湖水，仍不失为沏茶好水。正如唐陆羽所言"其江水，取去人远者"，就是这个道理。

（3）井水。宜取深井之水。因为深井之水也属地下水，在耐水层的保护下，不易被污染；同时过滤充分，水质洁净。而浅层井水则易被地面污染物污染，水质一般较差。有些井水含盐量高，不宜用于泡茶。所以若能汲得活井之水沏茶，同样也能泡得一杯好茶。

（4）自来水。一般采自江、河、湖水，经过净化处理后符合饮用水卫生标准。但有时因为处理水质所用的氯化物过多，自来水产生一种异味，对沏茶是不利的。可将自来水注入洁净的容器，让其静置过夜，使氯气挥发散去。煮水时适当延长沸腾的时间，也可收到较好的效果。如用自来水泡茶最好的办法是，在煮水的容器内置1～2节竹炭与自来水一起煮，能吸收异味、净化水质，达到理想的泡茶效果。

3. 再加工水类　主要指经过再次加工而成的太空水、纯净水和蒸馏水等。

（二）好水的标准

决定水质优势的主要因素是水的硬度。即溶于水的钙、镁含量。水质硬度大，钙、镁含量高，茶汤浸出率低、汤色泛黄，产生浑浊，茶味淡，香气降低。

陆羽《茶经》曰："山水上，江水中，井水下。"现在看来，还是很有道理的。山水经过石沙过滤，处于流动状态，一般比较清洁，水质也相对较为稳定。江水含有一定的泥沙，相对较为浑浊，且易受环境污染。井水一般为浅表地下水，缺乏流动，硬度大。

什么样的水才能算的上是好水呢？就山泉水而是言，高濂《遵生八笺·茶》所言："山厚者泉厚，山奇者泉奇，山清者泉清，山幽者泉幽，皆佳品也。不厚则薄、不奇则蠢、不清则浊、不幽则喧，必无佳泉。"综观古人各种鉴水方法，较为科学的鉴水办法是：一看活、二测清、三试轻、四品甘、五选冽。

一看活：就是要用流动的水。流水不腐，没有异味。

二测清：就是要求水无色透明，无沉淀物。

三试轻：采用衡器测量，以水轻为佳。乾隆皇帝就曾以银斗称量天下名泉。

四品甘：就是水一入口，舌与两颊之间产生甜滋滋的感觉，颇有回味。

五选冽：就是水的温度要冷、要寒。

寒冷的水，尤其是冰水、雪水，滋味最佳。这是因为水在结晶过程中，杂质下沉，较为洁净。至于雪水，更是宝贵。现代科学证明，自然界中的水，只有雪水、雨水才是纯软水，最宜泡茶。屠隆在《考槃余事》中云："雪为五谷之精、取之煎茶幽人

清况。"清代乾隆皇帝特别喜爱用雪水烹茶，他认为用雪水烹茶更胜于泉水，因为雪水来自天上，比重更轻。因此他在《坐千尺雪烹茶作》中便写道：

> 汲泉便拾松枝煮，收雪亦就竹炉烹。
>
> 泉水终弗如雪水，以来天上洁且清。

从现代角度看，适宜泡茶的水其色度不得超过 15 度，浑浊度要小于 5 度，不得有异色、异味和肉眼可见物。其化学指标：

1. 酸度接近中性　pH6.5～8.5，茶水色泽对酸度的反应很敏感，用 pH 为 7 的水泡茶，茶汤的自然酸度为 pH4.8～5.0，红茶汤色红艳明亮；当茶汤 pH＞7 时，红茶汤色因茶黄素自动氧化而晦暗；pH＞9 时茶汤黯黑；pH＜3 时，茶汤则出现浑浊沉淀物。

2. 硬度低于 25 度　用硬度高的水泡茶，茶汤易形成沉淀产生浑浊。水的硬度一般以每升水所含的碳酸钙的量来衡量，含量为 1mg/L 时为 1 度。硬度小于 10 度的水质为软水，大于 10 度的水质为硬水，泡茶以软水为佳。

3. 重金属含量达标　要求氧化钙不超过 250mg/L，铁不超过 0.3mg/L，锰不超过 0.1mg/L，铜不超过 0.1mg/L，锌不超过 0.1mg/L，挥发酚类不超过 0.002mg/L，阴离子合成洗涤剂不超过 0.3mg/L。

4. 毒理学指标　氟化物不超过 1.0mg/L，适宜浓度为0.5～1.0mg/L，氰化物不超过 0.05mg/L，砷不超过 0.04mg/L，镉不超过 0.01mg/L，铬（六价）不超过 0.5mg/L，铅不超过 0.1

mg/L。

5. 细菌指标　细菌总数在 1mL 水中不得超过 100 个，大肠菌群在 1L 水中不超过 3 个。

水温是影响茶叶水溶性物质溶出比例和香气成分发挥的重要因素。一般而言，泡茶水温与茶叶中有效物质在水中的溶解成正比，水温愈高，溶解度愈大，茶汤愈浓；反之，水温愈低，溶解度愈小，茶汤也就越淡。

好茶不怕开水泡。金针梅、金骏眉红茶宜用沸水冲泡。沸水、快出水是冲泡金针梅、金骏眉红茶的要诀。

什么是沸水，唐代茶圣陆羽在《茶经》中云："其沸，如鱼目、微有声，为一沸；边缘如涌泉连珠，为二沸；腾波鼓浪为三沸；以上水老，不可食也。"

当壶中水现出细小水泡时，水温在 80℃ 左右，适宜冲泡绿茶和花茶；当水面会浮现较大连珠状的水泡时，此时泡茶的水温在 95℃ 以上，即为沸水，适宜用之冲泡金针梅、金骏眉。冲泡金针梅、金骏眉"坐杯"时间不能长，应快出水，一般掌握在 30 秒之内。如"坐杯"时间过长，茶汤色泽和眉茶会因闷泡而产生黄变，茶香变得低浊，从而影响茶叶活性和优良品质的发挥。

三、金针梅、金骏眉的品饮

品茶是精神的感应，高层次的文化享受。鲁迅先生说："有好茶喝，会喝好茶，是一种清福。"赵朴初先生说："饮茶之道亦宜会，闻香玩色后尝味。"好茶是要品的，必须细品慢咽，悠然

才能自得。品茶必须讲究方法，正确的品茶方式是：眼观茶叶汤色，鼻嗅茶汤的香气，用舌尝以茶汤的滋味，用心悟品茶的感受。

品鉴金针梅、金骏眉一是要观看汤色；二是要闻其香。热嗅茶香，温嗅香质，冷嗅持久；杯盖闻茶香，汤中闻气香，杯底闻留香。气香、茶香、杯底香是品鉴金针梅、金骏眉红茶的要诀。三是要品其味。一般来说，舌头对酸味极为敏感，舌面对鲜味最为敏感，舌根对苦味最为敏感。正确的品味方法是：把茶汤吸入嘴内后，舌尖顶住上层齿根，嘴唇微微张开，舌根向上抬，使茶汤摊在舌的中部，再用腹部呼吸从口中慢慢吸入空气，使茶汤在舌上微微滚动，连续吸气二次后辨出滋味。茶汤温度以 40～50℃最为适宜。茶叶的投放量一般以 3～4 克为宜。茶多则味浓，茶少则味淡，要因人而定。

红茶的饮用方法，大体可分为清饮和调饮两种方法。清饮指的是将茶叶放入茶壶中，以沸水注入冲泡，然后再置入茶杯中细细品尝。调饮则指将茶叶放入茶壶后，加沸水冲泡，倒出茶汤于茶杯中，再加入奶或糖、柠檬汁、蜂蜜等成为风味各异的红茶。金针梅、金骏眉红茶香气清爽细腻，适合清饮。

《第七章》
金针梅、金骏眉的储藏

金针梅、金骏眉采摘芽嫩，制工精细，品质高雅，价值高，应认真做好储藏。了解茶叶变质的原因及其影响因素并采取相应的储藏措施，有助于我们搞好金针梅、金骏眉的保存。

一、茶叶的特性

茶叶质地疏松、孔隙率高、内含化学成分复杂，具有较强的氧化性、吸湿性和吸附性。

（一）氧化性

茶叶中的某些化学成分物质在空气中氧气的作用下，会发生化学反应，使相当部分可溶性物质变成难溶于水的物质，从而使茶叶的色泽变次，汤色浑浊，口感变差，品饮价值降低。因此，在无氧条件下，有利于茶叶的储藏。

茶叶氧化性的强弱与茶叶内含水分的高低及外界温度呈正相关。含水量越高，外界温度越大，氧化性也就越强，茶叶品质变劣的速度也就越快。

（二）吸湿性

茶叶是干燥物质，质地疏松分散，具有很强的吸湿性。茶叶海绵组织相当发达，鲜叶含水量大，干燥后孔隙率高，是一种疏松而多孔的结构体。它不但有外表的形态结构，而且有错综复杂的内表面微孔结构。这些孔隙贯通整个茶叶，又与外界相通。许许多多的孔隙管道内壁的表面加起来，总有效面积很大。这些固体表面的"空悬键"，对密度比它小很多的水分子具有很大的吸引力，这就决定了茶叶具有很强吸湿性的特征。如贮存不当，就会很快受潮，香气降低，品质变劣。

茶叶的吸湿性，还与其所含的某些化学物质有关。茶叶中含有相当量的柔水胶体，如淀粉和蛋白质，容易吸附水分。茶叶中的多酚类物质、咖啡碱等主要品质成分，是一种水溶性很大、吸湿性很强的物质。

（三）吸附性

茶叶中含有棕榈酸、萜烯类和邻苯二甲酸二丁脂等化学物质，它们分子量大、沸点高、结构复杂、分子间作用大、吸附能力强，易吸附空气中易挥发性的气体物质，并固定下来。

潘文毅关于茶叶吸附概论的探讨认为：茶叶的等级与嫩度，决定茶叶内外的几何结构，直接影响茶叶的吸附能力。高等级茶叶嫩度好，不但内表面细孔结构比表面大，孔径细，孔隙率大，吸附量多；而且孔径短，气体分子与孔壁碰撞接触的机会多，易发生毛细管"凝聚"，故吸附量大。低档粗老茶嫩度差，内表面细孔结构比表面较少，孔隙的孔径大而少，毛细管"凝聚"作用较弱，吸附量较少。

除此之外，茶叶自身含水率、环境湿度和温度会影响茶叶的吸附。

二、红茶在储藏过程中的变化

红茶在储藏过程中，会受到外界各种环境条件的影响，从而发生一系列复杂的化学反应，产生各种不利于茶叶色、香、味的物质，导致茶叶品质变化。主要的是：含水量增加、滋味物质减少、香气和色泽物质改变等。

（一）含水量的变化

茶叶在存放过程中含水量的变化，随空气湿度的变化而变化。空气湿度越大，茶叶含水量的增加也就越快、越大。

茶叶含水量不同，在存放过程中，其品质劣变的程度差异是很大的。茶叶含水量越低，品质劣变的程度越慢。含水量高的茶叶，在很短时间内品质就会劣变。常温贮存同样的时间，含水量越高的茶叶，其品质下降速度也就越快。

研究结果表明：绝对干燥的各种食品物质暴露于空气中，容易遭受氧化。而当水分子以氢键和食品各种成分结合呈单分子状态存在时，就像物质的表面蒙上一层薄膜，起到一种隔离氧气的作用，物质氧化就困难得多。这种含有单分子层水分的食品不易氧化变质，是较为稳定的。

茶叶的单分子层水分含量为3％。如果不考虑个别因素，可以讲3％的含水量是保存茶叶最适合的含水量。这是因为在该含水量的状态下，茶叶中的成分与水分子呈单层分子关系，可以有效把脂质与空气中的氧分子隔离开来，阻止茶叶脂质的氧化变质。

　　随着茶叶含水量增高，水分就成了化学反应的溶剂，水分越高，物质的扩散移动和相互作用就越显著，茶叶的变质也就越迅速。当茶叶含水量在6％以上时，茶叶变质相当明显。因此，要防止茶叶在储藏中变质，必须将茶叶干燥至6％以下，最好控制在3％～4％的范围内。

（二）滋味物质的变化

　　茶多酚和氨基酸是决定红茶滋味的主要物质。在常温下储藏，茶多酚的自助氧化作用一直在进行，会与氨基酸、糖等呈味成分相互协调、配合，使茶汤滋味浓醇、鲜爽、并富有收敛性。

　　据陆锦时研究：红茶在储藏过程中多酚类物质总体趋势是下降的，前3个月，下降幅度相对较小，含量由储藏前的12.6％下降至11.68％；6个月，含量下降至10.45％，随后基本稳定在一个相同水平，之后逐渐缓慢减少。与红茶品质相关的重要产物茶黄素，在一定时间内随多酚类物质含量的减少而增加；茶红素含量头两个月略有下降，16个月时含量出现高峰，与茶黄素含量剧增的时间大体吻合，以后又平稳下降；茶褐素含量随储藏时间延长而增加。由此可见，短期储藏有利于红茶品质的提高。

　　氨基酸含量基本上是随储藏时间的延长而逐步减少。

（三）香气物质的变化

　　在常温下，随储藏时间的延长，茶香将逐渐消失，陈味则不断加重。

　　红茶的香气物质在储藏过程中变化比较复杂，随脂类物质的水解和自动氧化，具有陈味的正戊醇等物质的含量显著增加，很多具有花香和果味物质，如苯乙醇、橙花醇，牻牛儿醇以及对品质有利的异丁醛、异戊醇、芳樟醇等含量明显减少。据有关研究显示，红茶储藏了 7 个月后，含水量不同，香气物质含量的差异是非常明显的。

（四）色泽物质的变化

红茶在储藏过程中，氨基酸能与茶黄素、茶红素作用生成深暗色的聚合物，使红茶汤色变暗。

红茶中的咖啡碱在储存过程中变化不大，储存一年，含量仅减少 0.25％。水浸出物随储存时间延长而呈现出大幅度递减的趋势。

三、影响红茶变劣的环境因素

红茶陈化变劣的感官表现是：色泽由鲜变枯，汤色由亮变暗，滋味由浓变淡，香气由爽变陈。这是由于与色、香、味等感官品质相应的化学成分如多酚类物质、氨基酸、脂类、色素、芳香物质等有机物质性质大多不太稳定，在空气中氧的作用下极易发生自动氧化，使品质发生劣变，失去原有色、香、味的缘故。

（一）温度

温度与反应速度关系甚大。温度高反应加快，温度降低反应减慢。据研究，温度每提高 10℃，褐变速度要增加 3～5 倍，而冷藏对抑制氧化褐变有良好效果。茶叶储藏在 -5℃ 以下，氧化变质非常缓慢，如果将茶叶储藏在 -20℃ 以下，即可完全防止品质劣变。

（二）湿度

茶叶具有很强的吸湿性。其吸收水分的快慢，与储藏环境相对湿度有密切的关系。试验表明，在相对湿度 40％ 的环境条件

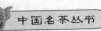
下，将含水量 6％的茶叶暴露在空气中，15 天后含水量可升到 6.9％；在相对湿度 60％的条件下，茶叶含水量达到 9.1％。雨雾天，把干燥的茶叶暴露在空气中，含水量每小时递增 1％。

含水量越高，茶叶中有效成分的相互作用就越显著，茶叶的陈化变质也就愈迅速。茶叶的含水量在 6％以上时，茶叶的变质较快。随着含水量的增加，茶叶中的有利成分随之下降，而一些对品质不利成分则上升。含水量高，环境湿度大，霉菌繁殖也就愈快。为防止茶叶在储藏中变质，含水量宜控制在 4％以下。

（三）氧气

空气中的氧几乎能与所有的元素起作用而形成氧化物。特别是在有促进反应的酶的存在下，氧化作用非常强烈。在没有酶参与的情况下，也能发生缓慢氧化。茶叶中的茶多酚、抗坏血酸、类脂、醛类、酮类等物质都能进行自动氧化，氧化后的生成物，很多对品质不利。要防止茶叶中的化学成分发生氧化，只有使茶叶绝氧。采用减压包装和充氮法，清除氧气或用脱氧剂，是防止茶叶氧化质变的有效方法。

（四）光线

光能促进植物色素和类脂等物质的氧化，使品质变劣。茶叶储存在透明容器中，在日光照射下会发生光化反应，从而增加茶叶中戊醛、丙醛、戊烯醇等物质的含量，产生一种不愉快的气味，即"日晒味"。因此，储藏茶叶的库（室），窗上要安装厚实深色的窗帘，避免强光照。包装茶叶的材料必须是不透光的。

综上所述，各种因子对红茶品质都有不同程序的影响，其中影响品质最大的因子是茶叶的含水量，其次是温度、湿度、氧气量、光线和异味。因此，含水量高的红茶，在高温高湿条件下储存，品质劣变得速度最快最剧烈。各种因子对红茶品质的影响，尤以水分和温度的交互作用影响最大。

四、金针梅、金骏眉家庭储藏注意事项

金针梅、金骏眉品质优异，被誉为红茶珍品，来之不易，根据红茶变劣的原因，家庭储藏金针梅、金骏眉应注意把握下面四点。

（一）忌久露受潮

茶叶储藏品质的变化，实质是茶叶化学成分的变化。水分是化学反应的溶剂，水分含量越高，物质的变化就越显著。因此，在储存过程中，注意少露受潮，控制水分含量，是保持金骏眉品质的重要条件。

金针梅、金骏眉红茶采用传统的炭焙工艺，时间长，温度高，含水量一般都能控制在 $3\%\sim4\%$，用手指轻轻一搓，就会粉身碎骨。但由于金针梅、金骏眉原料持嫩性好，皆采用芽尖制作，因而吸湿性特别强，要特别注意防潮。一旦发现受潮，应立即进行干燥处理。

判断金针梅、金骏眉是否受潮，其标准是：用手指轻轻搓茶，若芽尖不会成粉末状，而是二头或中部截断，则表明含水量已超过 10%。作为一般家庭，此时可取洗净的电饭煲，通电去除水分。然后倒入金针梅、金骏眉红茶，不断用手翻动，慢慢烘干，待用手指轻轻一搓，金针梅、金骏眉芽叶就会粉身碎骨，即可起锅，摊凉至温度 $70℃$ 左右，手感觉还会烫时，及时装罐封存即可。

（二）忌接触异味

金针梅、金骏眉红茶含萜烯类化合物相对较高，因而吸附性很强。就像海绵吸水一样，能将各种异味吸附在茶叶上，如不注意将其与有异味的物质如香烟、化妆品、腌鱼肉、樟脑、油脂等混搭在一起，无需多时就会被污染而无法饮用。

（三）忌高温环境

温度越高，茶叶变质也就越快。金针梅、金骏眉红茶应远离高温，在干燥的环境中储存，家庭储存一般在 10℃ 效果较为理想，若能在 0～5℃ 环境中储存，效果更好。

（四）忌阳光照射

阳光照射，会使金针梅、金骏眉红茶氧化变色，汤色浑暗，滋味苦涩，没有香气，并产生令人难以接受的"日晒味"。

五、金针梅、金骏眉家庭简易储存

明代罗廪《茶解》曰："藏茶宜燥又宜凉，湿则味变而香失，热则味苦而色黄。"说的是：茶叶最忌的是潮湿、光照、高温及曝露于空气中。

品质再好的茶叶，如不妥善加以保储，也会很快变质，颜色发暗，香气散失，味道不良，甚至发霉而不能饮用。为防止茶叶吸收潮气和异味，减少光线和温度的影响，避免挤压破碎，损坏茶叶美观的外形，就必须采取妥善的保储方法。

根据茶叶的特性及品质变劣的原因，从理论上讲茶叶保存在干燥（含水量最好在 3%～4%）、冷藏（最好在 0℃）、无氧（抽成真空或充氮）和避光保存为最好。对于家庭茶叶储存而言，由于受客观条件的限制，以上条件往往不能兼而有之。因此，在具体操作上，首先应抓住茶叶干燥这个主要因素，其他条件尽可能满足。现介绍几种家庭简易的储存法：

（一）锡罐储藏法

选用市场上供应的双盖锡罐做盛器。内置一个完好的塑料食品袋，然后将干燥的金针梅、金骏眉放入罐内的食品袋中，扎好袋口，盖好盖子即可。

（二）陶瓷罐储藏法

选用干燥无异味，密闭性好的陶瓷罐，罐底与罐内周围铺设牛皮纸，中间嵌放竹炭袋一只，将金针梅、金骏眉置于罐内，罐口用棉花包盖紧扎好。竹炭袋每隔半年应更换一次。竹炭吸湿性能好，能使茶叶不受湿，因而储存效果好，能在较长时间内保持金骏眉的品质不变。

（三）热水瓶储藏法

以热水瓶作盛具，将干燥散装的金针梅、金骏眉茶置于瓶内，装实装足，尽量减少瓶内空气的存在量。瓶口用软木塞盖紧，塞边涂白蜡封口，再裹上胶布。由于瓶内的空气少，温度稳定，保质效果好。武夷山民间用这种方法储藏正山小种时间长达5年，仍带果香，滋味甘甜，入口醇滑，不变质。

（四）铝塑复合袋储藏法

铝塑复合袋密封性好。既防潮，又不透光。用之储存效果要比白铁筒、聚乙烯袋、硬纸盒包装效果好。该方法简单，材料易购，如结合低温冰箱储藏效果则更好。

93

〖第八章〗
红茶的药用成分及
独特的医疗功能

　　茶既是一种饮料，又是一种药品。对人体具有养生、保健的作用。这是因为茶叶里含有很多人体生理需要的元素。现代科学研究表明：茶叶中含有 500 多种化学成分，其中具有药用价值的就有 300 多种。它们多以有机物的形态存在，如茶多酚、咖啡碱，其中茶多糖、氨基酸、维生素、芳香油以及多种矿物质和微量元素等，是人体不可缺少并各具功效的重要营养和药用物质。随着近代科学和现代医学对茶效用研究的不断深入，饮茶不但能解渴，还能防治疾病，提高机体免疫功能和健康水平，是一种非常有益人体身心健康的保健养生饮品。

一、茶是良药

　　《本草拾遗》载："诸药为各病之药，茶为万病之药。"最早饮茶是从药用开始的。成书于战国时期的《神农本草经》曰："神农尝百草疗疾，日遇七十二毒，得荼（茶）而解之。"自此以后，先民们就以喝茶来解毒治疾。关于茶饮用的药用功能，《神农本草经》云："茶味苦，饮之使人益思、少卧、轻身、明目。"

华佗《食论》云："苦茶久食益意思。"梁代陶弘景《杂录》称："苦茶轻身换骨。"《唐本草》说："茗，苦茶，味甘苦，微寒无毒，一主瘘疮，利小便，去痰，解渴，令人少睡。"唐陈藏器在《本草拾遗》中说："贵在茶也，上通天境，下资人伦，诸药为百病之药，茶为万病之药。"又说："武夷茶色墨而味酸，最消食下气，醒脾解酒。"单杜可说："诸茶皆性寒，胃弱食之多停饮，惟武夷茶性温不伤胃，凡茶癖停饮者宜之。"《救生苦海》说："武夷茶、乌梅肉、干姜为丸服之，治休息痢。"

唐代茶圣陆羽在《茶经》写道："茶之为用，味至寒，为饮最宜精行俭德之人，若热渴、凝闷、脑痛、目涩、四肢烦、百节不舒，聊四五啜，与醍醐、甘露抗衡也。"又指出茶有"解毒、治病、醒酒、兴奋、解渴"等功效。

宋代吴淑《茶赋》说："夫其涤烦疗渴，换骨轻身，茶荈之利，其功若神。"

明代顾元庆《茶谱》中记载："人饮真茶能止渴、消食、除痰、少睡、利水道、明目、益思、除烦、去腻，人固不可一日无茶。"明史《食货志》："番人（指少数民族）嗜乳酪、不得茶，则困以病。"明代著名医学家李时珍《本草纲目》："茶苦而寒，最能降火。火为百病，火降则上清矣。温饮则以因寒气下降，热饮则借火气而升散。又兼解酒食之毒，使人神思闿爽，不昏不睡，此茶之功也。"

清代黄宫绣的《本草求真》称："茶禀天地至清之气，得春露以培，生意充足，纤芥滓秽不受，味甘气寒，故能入肺清痰利水，入心清热解毒，是以垢腻能降，炙傅能鲜，凡一切食积不化，头目不清，二便不利，消渴不止，及一切吐血、便血等服之皆能有效。"《桃源县志》载："以茶配五味汤，云为'伏波将军'（马援）所制，用御瘴疬。"

二、红茶的药用成分

现代药理学研究，茶叶具有多方面的药理功能。动物实验和人体验证发现，茶药理作用的发挥，有些是由单一成分来完成的，有些则是几种成分联合发挥作用，有的是几种成分互补协同完成的。因此，在某种程度上，茶对肌体的药理作用的发挥是各种成分综合作用的结果。茶叶的药用成分主要有生物碱、茶多酚、芳香类物质、多糖类物质、氨基酸、维生素、矿物质和微量元素等。

不同种类的茶叶，其药用成分是基本相同的，但含量因茶种类的不同而不同。顾谦等编著的《茶叶化学》认为：红茶水浸出物中含有：10%～20%的多酚类物质、5%～11%的茶红素、3%～9%的茶褐素、0.4%～2%的茶黄素、0.2%～0.5%的氨基酸、3%～5%的咖啡碱、2%～4%的可溶性糖、1%～2%的水溶性果胶、1%左右的有机酸、0.02%左右的芳香油。此外，还有盐及其他物质。

（一）多酚类物质

茶叶中的多酚类物质，简称茶多酚，俗名茶单宁，是红茶中最主要的药用成分。它的功能是增强毛细血管的作用，抗炎抗菌，抑制病原菌的生长，并有灭菌的作用；能刺激叶酸的生物合

成，影响维生素 C 的代谢；能影响甲状腺的机能，有抗辐射损伤的作用；作为收敛剂可用于治疗烧伤；可与重金属盐和生物碱结合，起解除中毒的作用；除此之外，还能缓和胃肠紧张、防炎止泻作用等。

茶多酚主要由儿茶素类、黄酮素类化合物、花青素和酚酸四类物质组成。儿茶素类含量最高，约占茶多酚总量的 70%，是红茶药效的主要活性成分。它具有防止血管硬化、动脉粥样硬化、降血脂、消炎抑菌、防辐射、抗癌、抗突变、延缓老化等效用。儿茶素类能与单细胞的细菌结合，使蛋白质凝固沉淀，藉此抑制和消灭病原菌。细菌性痢疾及食物中毒患者喝红茶颇有益。民间常用浓红茶水涂抹伤口、褥疮和香港脚，防治细菌生长扩散的效果显著。

茶黄素是由茶多酚及其衍生物氧化缩合而成的产物，其分子小，结构稳定，吸附力特别强，是红茶主要生理活性物质。它能通过多种途径，有效调整人体的代谢水平，抑制能量摄入，加速代谢，从而渐进性、治本性地起到纤体轻身的功效。能减少脂肪在肠道内的吸收，延长甲肾上腺素在体内停留的时间，促进体内脂肪的燃烧和代谢。能抑制淀粉酶、蔗糖酶的活性，减少机体对糖的吸收，具有增强血液活力，软化血管，防止血管氧化、降血脂、消除自由基、防治心血管疾病和糖尿病的功能，享有茶中"软黄金"的美誉。

茶黄素自 1957 年被发现以来，始终为各国茶学家、医药家所关注研究。近年来对茶黄素的医药价值和保健功能更是日益为人们所认识，并成为研究的热点。1995 年由世界粮农组织发起，在英国、美国和加拿大联合开展红茶对人体健康作用的研究。结果表明，茶黄素类不仅是一种有效的自由基清除剂和抗氧化剂，而且具有抗癌、抗突变、抑菌抗病毒，改善和治疗心血管疾病，

治疗糖尿病等多种生理功能。2003 年，国际著名医学杂志《美国医学会杂志》刊登了美国科学家主导的一项临床实验结果，证实茶黄素具有降血脂的独特功能，特别是降低血脂中胆固醇和低密度脂蛋白的水平。该研究指出，茶黄素不但能与肠道中的胆固醇结合形成不溶物，减少机体对来自食物的外源性胆固醇的吸收，还能抑制人体内源性胆固醇的合成，从而降低人体内的整体胆固醇水平，在调节血脂、预防心脑血管疾病方面发挥积极作用。日本原征彦等的研究发现，茶黄素对肉毒芽孢杆菌、肠炎杆菌、金色葡萄球菌、荚膜杆菌、蜡样芽孢杆菌和贺氏细菌均有明显的抗菌效果。国内一些研究机构，研究还发现茶黄素对 ACE 酶（血管紧张素Ⅰ转换酶）有着显著抑制效应，具有降血压、降黏液滞度的功效，能预防和治疗心血管疾病、高血脂症、脂带谢紊乱、脑梗塞等疾病。

金针梅、金骏眉红茶中的茶黄素含量较一般红茶高，故汤色金黄。因而，在冲泡时，应选用无污染的好水，煮沸，快冲，快出水，以促进茶黄素的释放。

（二）生物碱

茶叶中生物碱主要分为嘌呤碱和嘧啶碱两种类型。嘌呤碱包括咖啡碱、可可碱、茶碱、黄嘌呤、次黄嘌呤、拟黄嘌呤、腺嘌呤、乌便嘌呤等 8 种。红茶中的咖啡碱含量高，约占总量的 3%～5%；其次是可可碱，占总量的 0.05%，再次是茶碱，约占 0.002%；其他嘌呤含量很低。咖啡碱具有重要的药理功能，它能刺激中枢神经，兴奋大脑皮层，减少疲乏，增强思维，提高工作效率；能抵抗酒精、烟碱和吗啡等的毒害作用；能强化血管，是血管的舒张剂；能提高胃液分泌量，帮助消化；能加快肾脏血液循环，提高肾上球的过滤率，起利尿作用；能松弛平滑肌，消除支气管和胆管痉挛，对气管哮喘有一定的疗效；能控制下视丘的体温中枢，调节体温；降低胆固醇和防止动脉粥样硬化。

茶碱的功能与咖啡碱相似，兴奋中枢神经系统的作用较咖啡碱弱，强化血管和增强心脏的作用、利尿作用、松弛平滑肌的作用比咖啡碱强。另据实验证明，茶碱还能吸附金属和生物碱，并沉淀分解，这对饮水和食品工业污染的现代人而言，不啻是一项福音。

可可碱的功能与咖啡碱、茶碱相似，兴奋中枢神经的作用比前两者都弱；强心作用比茶碱弱，但比咖啡碱强，利尿作用比前两者都差，但持久性强。

（三）芳香类物质

红茶为全发酵茶，在加工过程中发生了化学反应，香气物质从鲜叶中的 50 种增至 325 种。2005 年，姚珊珊、郭雯飞、吕毅、江元勋等，对正山小种红茶品质化学的检测中，共鉴定出 49 种芳香类物质，包括 17 种醇、12 种酚、7 种醛、5 种烯烃、2 种酮、2 种酯、2 种酸、1 种醚和 1 种环氧化合物。萜烯类有杀菌消炎、祛痰作用，可治支气管炎。酚类有杀菌、兴奋中枢神经和镇痛的作用，对皮肤还有刺激和麻醉的作用。醇类有杀菌作用。醛类和酸类均有抑杀霉菌和细菌，以及祛痰的功能。酸类还有溶解角质的作用。酯类可消炎、治疗痛风，促进糖代谢的作用。

（四）氨基酸

茶叶中的氨基酸以两种形态存在。一种是存在于蛋白质里，即组成蛋白质的氨基酸。另一种是以游离态存在于叶内，称为游离氨基酸。《茶叶生物化学》载：红茶中的氨基酸通过提取，纯化，分离，鉴定共有 26 种，其中 20 种是组成蛋白质的氨基酸，

6种是非蛋白质氨基酸。数量较多的有茶氨酸（占 36.2%），谷氨酸（占 3.2%），精氨酸（占 4%），丝氨酸（占 2.2%），天冬氨酸（占 3%）；其次是缬氨酸、苯丙氨酸、苏氨酸等。氨基酸是人体必须的营养成分，谷氨酸有助于降低血氨，治疗肝昏迷；蛋氨酸能调整脂肪代谢；a-氨基丁酸对高血压有明显的降压效果。

（五）维生素

茶叶中含有多种维生素，如有维生素 A、维生素 D、维生素 E、维生素 K、维生素 C、维生素 P、维生素 U、维生素 B 族多种维生素和肌醇等。茶叶中的维生素可称为"维生素群"，饮茶可使"维生素群"作为一种复方维生素补充人体对维生素的需要。维生素 A 是人体不可少的物质，具有促进人体生长发育，维持上皮细胞与正常视力的生理功能。维生素 D 能促进肠壁对钙和磷的吸收，调节钙和磷的代谢，有助于骨骼钙化和牙齿的形成。维生素 C 能增加血管韧性，抵抗病菌侵袭，降低胆固醇，防色素沉着等作用。

（六）其他物质

红茶中的氟对于防龋齿和防治老年骨质疏松有明显效果，钾有助于降低血压。正山小种含有较丰富的硒，据《中国茶经》载："硒具有抗氧化、抗突变、抗肿瘤、防辐射之功效，能阻断 N-亚硝基化合物的作用，可有效降低和防治克山病，使人延年益寿。"

三、红茶独特的医疗功能

与其他各类茶相比，红茶具有独特的医疗作用：

（一）防治心脑血管疾病

红茶具有舒张血管，有益心脏的特殊功能。饮茶可以降低人

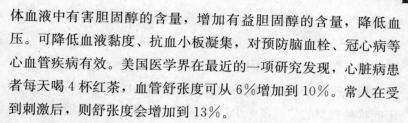

体血液中有害胆固醇的含量，增加有益胆固醇的含量，降低血压。可降低血液黏度、抗血小板凝集，对预防脑血栓、冠心病等心血管疾病有效。美国医学界在最近的一项研究发现，心脏病患者每天喝 4 杯红茶，血管舒张度可从 6％增加到 10％。常人在受到刺激后，则舒张度会增加到 13％。

这项研究是由波士顿大学进行的，研究报告说，红茶的疗效虽然无法使病人的血液流通恢复正常，但却有助于改善血管畅通的状况。还有研究表明，红茶中含有一种黄酮类化合物，其作用类似于抗氧化剂，能防治中风和心脏病。

美国一项最新研究显示，每天喝一杯红茶与不喝者相比，前者得心脏病的风险要比后者低 40％。日本大阪市立大学实验指出，饮用红茶一小时后，测得经心脏的血管血流速度改善，证实红茶有较强的防治心梗效用。

（二）提神消疲、利尿

红茶中的咖啡碱能刺激大脑皮质，兴奋神经中枢，促进提神、思考力集中，使思维反应敏锐，记忆力增强。加之对血管系统和心脏也具有兴奋作用，能强化心博，加快血液循环，促进新陈代谢，排泄乳酸，达到消除疲劳的效果。

此外，红茶中的咖啡碱与芳香物质能联合作用，增加肾脏的血流量，提高肾小球过滤率，扩张肾微血管，并抑制肾小管对水的再吸收，增加尿液量，有利排除体内尿酸、过多的盐分、有害物质等，缓和心脏病、肾炎造成的水肿。

（三）降脂、降糖、降压

茶中的儿茶素类化合物能分解脂质，并促进排泄，以减少血液中的吸收量，调节胆固醇到维持适量。同时，还有抑制血小板聚集和帮助血液抗凝的功能，降低血栓发生的几率。有实验表明，20 毫克红茶或 30～40 毫克绿茶，可抑制每毫升含血清纤维蛋白原 1 毫克的血浆凝固。

糖尿病是一种由于血糖浓度过高，引起代谢紊乱的疾病。临床症状是典型的"三多一少"即多饮、多尿、多食及消瘦。红茶中的儿茶素类化合物及复合多醣类等具有降血糖的功能。儿茶素可抑制唾液中的淀粉酶酸，分解淀粉为葡萄糖的作用。因此，长期坚持饮用红茶具有辅助治疗和预防糖尿病的功效。

有关机构研究还发现，红茶中的儿茶素类化合物可以抑制血管紧缩素Ⅱ的形成活动，有助于降低血压至正常状态。同时，能发挥增强血管弹性、韧性、抗压性的作用。

（四）养胃、暖胃、驱寒

绿茶有天然的轻逸之感，但喝绿茶后常会感到胃部不舒服。这是由于绿茶中所含的重要物质——茶多酚具有收敛性，对胃黏膜有一定的刺激作用。特别是胃寒的人或空腹情况下刺激性更为明显。而红茶是经过发酵烘制而成的，茶多酚在氧化酶的作用下发生酶促氧化反应，这些茶多酚的氧化物能消炎，保护胃黏膜，能养胃暖胃，所以，不论清晨或夜晚都能享受红茶的乐趣。

红茶甘温可养人体阳气，生热暖胃，增强人体抗寒能力。中医认为"时届寒冬，万物生机藏闭，人们的生理机能处于抑制状态，养身之道，贵乎御寒保暖"，故冬日严寒时节以喝红茶为理想饮品。所以民间常以红茶作为暖胃、助消化良药。

（五）强壮骨骼，防龋齿

2002 年 5 月 13 日美国医师协会发表对 497 名男性和 540 名女性经 10 年以上的调查，指出饮用红茶的人骨骼强壮，因为红茶中的多酚类有抑制破坏骨骼细胞物质的活力。在各种饮品中，红茶的多酚类含量最多，为 17.4%，而绿茶为 12%，红葡萄酒为 9.6%，鲜橘子汁 0.8%。

为防治女性常见的骨质疏松症，专家建议每天坚持喝一杯红茶，坚持数年，其效果明显。如在红茶中加入柠檬，强壮骨骼，效果更佳。

另外，饮茶可以抑制口腔中龋齿分泌的一种酶，使得龋齿菌不能粘着在牙齿表面，能起到防龋齿的效果；而且，红茶中含有丰富的氟，与牙齿钙质有很大的亲和力，它们结合之后可以补充钙质，使抗龋齿的能力明显增强。所以用红茶漱口可预防蛀牙和过滤性病毒引起的感冒。美国杂志还报道，红茶抗衰老的效果强于大蒜、西兰花和胡萝卜等。

（六）预防帕金森病

帕金森病是一种常见的神经功能障碍疾病，其症状为，病人静止时手、头或嘴不由自主地震颤，肌肉僵直，运动缓慢，姿势平衡障碍等。迄今为止，帕金森病的致病原因仍不完全清楚，也无根治良方。据统计目前全球帕金森病患者已超过 400 万人。

新加坡国立大学杨潞龄医学院和新加坡国立脑神经医学院的研究人员调查了 6.3 万名 45～74 岁的新加坡居民，发现，每个月至少喝 23 杯红茶的受调查者，患帕金森病的几率比普通人低。

研究人员认为，红茶中的酶有助预防帕金森病，而咖啡因无此功效。研究人员希望今后能从红茶中提炼出有效成分制成预防帕金森病的药物。

103

图书在版编目（CIP）数据

名门双姝：金针梅、金骏眉/徐庆生，祖帅著 .—
北京：中国农业出版社，2012.7
（中国名茶丛书）
ISBN 978-7-109-16987-6

Ⅰ.①名… Ⅱ.①徐…②祖… Ⅲ.①茶－基本知识
－中国 Ⅳ.①TS272.5

中国版本图书馆 CIP 数据核字（2012）第 162432 号

中国农业出版社出版
（北京市朝阳区农展馆北路 2 号）
（邮政编码 100125）
责任编辑 穆祥桐 张 欣

中国农业出版社印刷厂印刷 新华书店北京发行所发行
2012 年 8 月第 1 版 2012 年 8 月北京第 1 次印刷

开本：880mm×1230mm 1/32 印张：3.625 插页：4
字数：72 千字
定价：22.00 元
（凡本版图书出现印刷、装订错误，请向出版社发行部调换）